金华市特色品种选育及其推广应用

（种植业）

丰作成　主编

中国农业出版社

主　　编　丰作成

副主编　王　蓉　耿宏勇　朱花芳

参编人员　（按写作字数排序）

丰作成　王桂跃　鲍正发　赵一君

于海富　吕长其　张赞飞　陈斌龙

张　真　钱东南　周湘琳　何玲芳

张尚法　王宝勇　施化果　俞金龙

刘新华　吴德锋　何胜军　严志萱

陈　旭　陈菊芳　章志兴　吴美娟

方守地　林红友　戚信跃　刘风仙

方聚雪　方永根　程立巧　陈俊涛

历永强　吕高强　俞敬仲　江文彬

培育新种苗
应用新技术
推进现代化

陈昆忠书

特色品种是金华农业的
瑰宝，开展种质资源的收
集、登记很有必要。

异议钢

品种创新是农业发展的基础和先导，种质资源是品种创新的物质保证。

冯大银

序

　　农作物品种是基础的、先导的农业投入品，也是最重要的农业科技载体。从新中国建立初期的地方良种评选与推广，到 20 世纪 50 年代末至 60 年代末的高秆改矮秆、普及矮秆良种，到 70 年代中期以来杂交水稻的引进与大面积推广，再到当今超级稻的广泛应用，每次品种创新都给农业生产带来新的飞跃。特别是改革开放以来，品种创新促进了农业产业结构调整，极大地丰富了农产品市场，带来农业生产率的提高和效益的增长；带来农业生产技术的进步和农民收入的提高，是其他生产资料所不可替代的。

　　新中国建立以来，尤其是改革开放以来，八婺大地的有识之士以其敏锐的市场嗅觉和创新精神，关注种业，投资种业，致力于农作物特色品种的选育与开发、推广，有的因育成了一个品种而做大了一个产业；有的在金华，乃至省内外被广泛推广应用；有的以其花色或品质、抗性之长，满足市场需求，被迅速地应用于生产。总之，特色品种的选育及其开发、推广工作，为金华农业的发展作出了重要的贡献。

《金华市特色品种选育及其推广应用》（种植业）一书，将金华境内育种机构半个多世纪以来的育种成果进行客观、系统地收集和整理，是一件很有意义的工作。该书入编了近百个品种和部分图片、标准，图文并茂，内容丰富，资料翔实，是一部金华的地方品种志；是一个种质资源库；也是一本基层农技人员和广大农民朋友的技术参考书。

我希望通过本书的出版，能促进我市农业种质资源的采集、保护和研发与应用工作制度化、规范化；能促进更多的特色产业脱颖而出、做大做强，即让品种创新为金华发展现代农业作出更大的贡献。

2007 年 12 月 21 日

前言

　　金华市地处浙江中部，境内盆地成群、山丘起伏、溪流纵横和四季分明、雨量丰沛、温光充足，具有生态环境多样性和农业生物多宜性。况且，农耕历史甚为悠久。为此，造就了耕作制度和作物种类的色彩斑斓。农以种为本，农业的发达带来种业的繁荣。上世纪50年代以来，特别是改革开放、种业逐步走上市场化和产业化以来，金华境内的科研单位、种业机构和民营企业以及农技推广组织，纷纷投资育种，致力于特色品种的选育与开发、推广，并取得了丰硕的成果。

　　据调查，全市育成的品种涵盖水稻、玉米、瓜果、蔬菜、药材、花卉、果蔗、席草、棉花和食用菌等10余种作物。其中武香1号、森山1号和金华大白桃等品种的成功开发，促成了一批特色产业，成为金华农业发展史上的奇葩；旅曲、汕优64、金早47等品种多年位居本市乃至全省同类作物主栽品种地位，为发展粮食生产作出了突出贡献；超甜3号、八宝糯和浙胡1号等品种的育成，为调整产业结构，发展优质、高产和高效农业，提供了技术支撑。

为了系统地反映育种成果和记录育成品种的特征特性、栽培技术以及科技贡献，我们编写了《金华市特色品种选育及其推广应用》（种植业）。本书共收集和整理品种96个、图片25幅、技术标准10个。在体例上品种按综合类、水稻类、玉米类和地方传统类进行归类表述。

参加本书编写的人员有丰作成、王桂跃、鲍正发、赵一君、于海富、吕长其、张赞飞、陈斌龙、张　真、钱东南、周湘琳、何玲芳、张尚法、王宝勇、施化果、俞金龙、刘新华、吴德锋、何胜军、严志萱、陈　旭、陈菊芳、章志兴、吴美娟、方守地、林红友、戚信跃、刘风仙、方聚雪、方永根、程立巧、陈俊涛、历永强、吕高强、俞敬仲、江文彬。全书由丰作成统稿和定稿。

金华市副市长劳红武女士为本书作序，金华市市长陈昆忠先生、金华市农业局局长吴立刚先生和金华市林业局局长汤大银先生为本书题词，充分体现了金华市政府和农业、林业行政主管部门对种子工作的关心和支持，在此表示衷心感谢。在本书的编写过程中，金华市科技局、金华市农业局、金华市林业局、金华市农科院和县（市、区）农业（农林）局的相关处、所、站，给予了大力支持与帮助，在此深表感谢。最后，感谢浙江大学农业与生物技术学院胡晋博士和金华市农业科学院徐孝银同志给予的帮助。

　　特色品种的选育所及岁月长、范围广和机构多，特别是早期育成品种的资料甚少，加上时间仓促和水平有限，难免有遗漏或失误，欢迎读者给予批评指正。

编　者

2007 年 12 月 28 日

目录

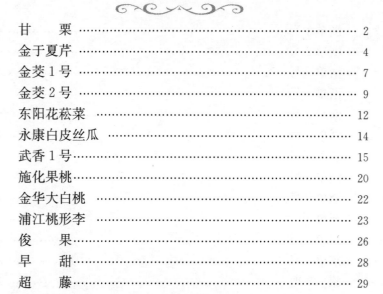

玉 米 类

水　稻　类

地方传统类

附　件

彩色图片

综合类

金华市特色品种选育及其推广应用

甘　栗

甘栗系金华市农科院用杂交种试交 KN100（日本）为基础材料，以从中分离的自交系 7KF01 作母本、多代自交定型的自交系 9K20 作父本，经杂交配制而成的杂交笋瓜品种。

2007 年 2 月，该组合通过浙江省非主要农作物品种认定委员会的认定（认定号：浙认蔬 2007011）。

1. 产量表现

经多年多季栽培，一般亩*产 1 400 千克左右，高产田可达 2 000 千克以上。1999 年秋，杭州丁桥基地大棚栽培，平均亩产 1 198.8 千克（老瓜）。2000 年春，杭州丁桥基地大棚栽培，平均亩产 1 399.9 千克（老瓜）；露地栽培，平均亩产 1 333.3 千克（老瓜）。同年秋，杭州丁桥基地大棚栽培，平均亩产 1 583 千克（嫩瓜）。2001 年春，金华仙桥基地露地栽培，平均亩产 1 760 千克（嫩瓜）。

2. 特征特性

匍匐茎，主蔓长约 300 厘米，分枝性中等；叶片近圆形，叶色翠绿；雌花节位较低，一般第 6～8 节开第一朵雌花，雌花数较多、单蔓可见雌花 6 朵以上，易坐果，常见单蔓连续 2～3 节坐果。果实扁圆型。果皮墨绿色，嵌淡绿色条斑；果肉厚、金黄色，肉质粉糯，烹食风味佳。田间病害较轻，抗逆性较好。

属早熟类型品种，一般从播种出苗到嫩瓜采收 100 天左右。

3. 栽培技术

（1）适期早播。一般长江中下游地区早春保护地栽培于 1 月

---

* 亩为非法定计量单位，全书同。

中、下旬播种育苗，采用大棚加小拱棚，再加电热温床保温；露地栽培的，可于3月上、中旬，采用大棚或小拱棚保温育苗。

（2）合理密植。一般要求立架栽培的每亩栽种1 200株左右；爬地栽培的，每亩栽种500株左右。

（3）施足底肥。笋瓜属需肥量较大的蔬菜作物之一。据试验，一般生产1 000千克笋瓜需纯氮3.92千克、五氧化二磷2.13千克、氧化钾7.29千克。因此，栽培上要做到施足底肥和多施有机肥，即每亩施腐熟禽畜粪便2 500～3 000千克、低磷高钾型复合肥30～40千克、硫酸钾15～20千克。在此基础上，可结合病虫防治作磷酸二氢钾叶面喷施。

（4）植株调整。为促进坐果、提早上市，要对植株营养体作合理的调整，尤以立架栽培的为甚。一般采用单蔓整枝，即坐果前将所有侧枝全部摘除；当蔓上结瓜1～2个后，即可放任生长。

（5）病虫防治。虫害，苗期主要是防治蚜虫，中后期有蚜虫、红蜘蛛和潜叶蝇；病害，重点做好坐果后的白粉病、病毒病和疫病的防治。

（6）适期采收。可根据市场行情和当地居民消费习惯，选择以嫩瓜或老瓜方式上市。嫩瓜，一般以坐果后20天左右采收为宜；老瓜，可在坐果后32～35天采收。

4. 制种要点

金华制种，以1月底～2月初播种为宜，父母本同期播种。播种前，将种子作消毒处理后催芽至露白。父母本配比为1：10，每亩种植父本50株、母本500株，可将父母本相间种植或分离单独种植。父本行株距4.5～5米×0.4米；母本行距4～5米、株距0.17～0.20米（单蔓整枝）或0.4米（双蔓整枝）。

对照亲本典型特征，及时去除田间杂株和劣株；授粉期，每天傍晚将发育健壮完整、第二天早上开放的花作束花处理，并于次日清晨5～10时做人工辅助授粉；授粉后，种瓜发育至45天左右，果皮呈现固有色泽即采收。

技术评价及推广应用成果：甘栗的育成填补了金华市菜瓜类育种的空白，且表现产量高、品质佳和熟期早，在浙江可作春季大棚或露地栽培，也可作夏季高山延后栽培。目前，在杭州、嘉兴、宁波、温州、绍兴、衢州和金华等地均有种植，累计推广面积已达7万余亩。

育种者简介：俞金龙，浙江永康市人，大学本科，高级农艺师，曾赴日本千叶大学研修花卉育种，现任职于金华市农科院蔬菜所。曾育成小麦新品种金麦90，参加抗赤品系金鉴36的选育。从1996年起，从事蔬菜新品种的引种（选育）及配套栽培技术研究。承担"国外高档蔬菜新品种引种及示范推广"和"萝卜周年生产均衡上市关键技术开发研究"课题，引进春萝卜、日本南瓜、菜用大豆、西兰花、日本小松菜、日本黄皮洋葱、洋香瓜、小西瓜和韩国春大白菜等高档瓜菜新品种；总结出大棚萝卜、大棚甜瓜高产高效栽培技术体系；主持瓜类和鲜食玉米品种选育工作，已育成品种有笋瓜新品种甘栗。

金 于 夏 芹

金于夏芹（又名下于香芹、金东香芹），系以金华土芹作母本、正大脆芹作父本，经杂交选育而成的芹菜品种。2007年2月通过浙江省非主要作物品种认定委员会的认定（认定号：浙认蔬2007005）。

1. 产量表现

2003—2005年，经多点多茬品比试验，平均鲜菜亩产3 554.5千克，比金华土芹增45.8%；比正大脆芹增4.3%。

一般大田亩产3 500千克左右。2005年，曹宅镇前王畈村金培斌种植夏秋芹3亩，平均亩产4 320千克；东孝街道下于村王敏录种植秋冬芹1.5亩，平均亩产4 286千克；多湖街道里央田村张永红种植春夏芹1亩，实收亩产4 257千克。2004年东孝街道下于村王敏录种植夏秋芹 0.075 亩，折合亩产 3 720 千克。2003 年多湖街道里央田村张永红种植春夏芹 0.08 亩，折合亩产 3 360 千克。

2. 特征特性

植株高 67.6 厘米，单株总叶数 7.3 片（食用部分约 5 片），叶片长 69.4 厘米、宽 22.3 毫米，叶柄长 42.3 厘米，叶柄粗壮、内空腔较小，叶柄淡绿色、直径 6.2 毫米左右，质地脆嫩，纤维少；叶鞘宽 20.7 毫米，心叶黄绿色，单株重 39 克左右。耐热抗病，在金华采取设施遮荫栽培，盛夏高温季节也能正常生长。一般从播种至鲜芹上市 90 天左右。

3. 栽培技术

(1) 适期播种，培育壮苗。一般春夏季栽培，在清明后播种，5 月上旬定植，秧龄 30～35 天，定植后 50 天左右采收。每亩菜地用种 300 克；夏秋季栽培，以 6 月底～7 月初播种为宜，秧龄 35～40 天，8 月上旬定植，国庆节前后采收。每亩菜地用种 350 克；越冬栽培的，9 月上、中旬播种，10 月中旬定植，12 月底～1 月初采收。每亩菜地用种 300 克。育苗须把握以下环节：

第一，制作苗床。选择土壤肥沃、排水方便的地块作苗床，每亩施腐熟有机肥 1 300 千克；播种前 15 天进行深耕晒土，待田土晒白后，耙碎、整畦、制床，要求苗床宽 1.5 米（连沟）。每亩菜地制备苗床为 120 平方米左右。

第二，精细播种。播种当天给苗床浇透水，待渗漏脱水后于傍晚播种。为提高落子均匀度，种子须掺少量细沙或园土。播种后，覆细土 0.5～1 厘米，并在畦面盖上一层遮荫网。夏秋季栽培，要作低温催芽处理，即将种子放入清水中浸泡 10～15 小时；漂洗清爽后装入棉布袋、抖散，置于冰箱冷藏室（5～10℃）催芽；每天对种子清洗一次，以保持半干半湿的状态，待到 5～7 天约 30% 种子露白即行播种。

第三，苗期管理。出苗后，需及时揭除畦面的遮荫网。当气温超过 25℃时，白天需搭凉棚，以降温保湿；夜晚则要揭掉遮荫网。芹菜喜湿，遇天旱宜小水勤浇，保持床土见干见湿。当幼苗达 1～2 叶，注意及时间苗，苗距留足 3 厘米，以利于秧苗健壮生长。

（2）协调肥水，科学管理。定植前 15 天，每亩施腐熟有机肥 1 500～2 000 千克，复合肥 150 千克，并及时翻耕整畦，要求畦宽 1.6～1.8 米。定植时，每亩施钙镁磷肥 100 千克；大小苗分档定植，随起随栽，浅栽浅埋，以不埋住心叶为宜。定植密度为 20 厘米×20 厘米，每穴栽种 8～10 株苗。定植后立即浇水，2～3 天后再浇一次，以促进缓苗。缓苗后，植株高度达 20～25 厘米，每亩追施复合肥 50 千克，并每隔 7～10 天喷施一次氨基酸或腐殖酸等营养液。

如春夏季设施栽培，定植后，随气温的升高在棚膜上盖一层黑色遮荫网，以减少纤维、提高品质。注意将大棚两头棚膜揭掉、两侧棚膜卷高 1 米左右，并安装防虫网。高温季节勤浇小水，以降温保湿。若越冬栽培，前期管理可参照春夏季栽培，但到 11 月中、下旬后，气温下降，需及时扣膜保温。扣膜初期，晴好天气需及时通风，做到白天棚温 15～20℃；夜间棚温为 8～10℃，以避免因温度过高而引发徒长。随着气温下降，即逐渐封严薄膜。冬至后，夜间盖稻草苫保温，白天及时揭苫，即要求白天棚温≥7～10℃；夜间棚温≥2℃，最低棚温≥-3℃。

（3）防治病虫，及时采收。主要虫害有蚜虫和潜叶蝇，一般选用吡虫啉和潜克进行防治。病害有叶斑病、软腐病、菌核病和根结线虫病等。防治药剂：叶斑病用代森锰锌、可杀得；菌核病用扑海因、好力克；软腐病用农用链霉素；根结线虫病用阿维菌素。

一般春季栽培鲜菜在 6 月底即可采收，因 7 月份以后的高温、干旱和强光照天气，会加速叶柄老化、降低品质，故要及时采收。但夏秋季和越冬栽培的则可适当迟采收。

4. 留种要点

选择安全隔离、土质较瘠薄的山坡地留种；10月底～11月初播种，12月底～1月初定植，5月份采收种子；控制施肥量，一般每亩施腐熟有机肥50～100千克、复合肥5～10千克；去杂去劣，选择健壮苗作种苗，定植密度35厘米×40厘米、每穴3～4苗；开花授粉期，做好防雨、防倒伏和整枝通风及防治蚜虫工作；种芹采割后，需放置在通风处阴干，并晒后脱粒及贮藏。

技术评价及推广成果：金于夏芹耐高温、适宜作夏淡蔬菜栽培，且产量高、品质佳、商品性好。目前，全省各地均有种植，其中金华和衢州已成为夏淡蔬菜的主栽品种之一。

育种者简介：严志萱，金华市金东区人，大学本科，农艺师，任职于金华市金东区经济特产站，主要从事蚕桑和蔬菜新品种新技术的引进、试验及推广工作。

金茭1号

金茭1号，系磐安县农业局和金华市农科院合作选育的单季茭白品种。该品种以磐安地方品种为基础，经系统选育而成，适合在海拔500米以上的高山栽培。2007年2月，通过浙江省非主要农作物品种认定委员会的认定（认定号：浙认蔬2007007）。

1. 产量表现

2002—2005年，经磐安、东阳、武义和遂昌等地多点试验，平均亩产1 399.9千克，变幅1 273.3～1 498.2千克，比对照一点红增29.55%；比磐安地方品种增18.55%。

据生产调查，一般亩产约1 300千克。

2. 特征特性

植株较直立。株高2.53米左右，主茎总叶数17～19片，最大叶长 175～196 厘米、宽 4.1～4.6 厘米，叶片浅绿色；叶鞘浅绿色，覆浅紫色条纹，鞘长 53～63 厘米，单株分蘖为 1.7～2.6 个；每丛有效分蘖 3.4～5.2 个。茭体 4 节，隐芽无色，单茭重（壳茭）110～135 克，茭肉长 20.2～22.8 厘米、宽 3.1～3.8 厘米，表皮光滑，肉质白、嫩，含水量高，烹食口感细脆、风味香甜，品质佳。植株生长较旺盛，耐肥性中等，抗病性较强。

一般 2 月下旬当气温稳定于 5℃ 以上时萌芽抽叶；4 月下旬至 7 月中旬分蘖；7 月上旬孕茭（13～14 叶），受高温影响孕茭期会推迟到 8 月上旬（15～17 叶），孕茭适温 20～25℃，低于10℃ 或高于 30℃ 均难以孕茭；气温低于 10℃ 地上部分停止生长，5℃ 以下地上部分枯死、以地下部分越冬。

3. 栽培技术

（1）田块准备。 选择海拔 500～700 米的山垄田作种植基地，要求土层深厚、土质肥沃、水源充裕和排灌方便。栽插前，每亩底施腐熟有机肥 1 500 千克，并灌浅水翻耕、耙耖、耥平，待用。

（2）栽插密度。 秋季栽插，一般在 10 月份高山茭白采收结束后进行。栽插时，从种株基部截取 20 厘米左右的薹管，按 0.7 米×0.5 米的密度种植，每亩栽 1 900 丛左右、每丛 2 株。春季栽插，以 4 月上旬为宜，可采取大、小行栽插，以利于田间管理。

（3）肥水管理。 秋季栽培，移栽后田间保持薄水，以促进成活。越冬时，灌深水，以提温防冻。翌春，放浅水促升温，待田间发足苗数后，即灌深水抑制无效分蘖。孕茭前期，适当降低水位，以避免"爬管"。春季栽培，要以适期追肥为重点，以保证鲜茭于 8 月底前的淡季入市。

据经验，追肥过迟，抑制黑粉菌的繁殖，推迟鲜茭采收；追肥过早，温度偏低，植株偏小，则造成肥料流失。一般以 4 月中、下旬追肥为宜，每亩施碳酸氢铵 50 千克、钙镁磷肥 50 千克、氯化钾 7.5 千克。此后，根据田间苗情，到 7 月上、中旬，可适施"孕茭肥"，即每亩施三元复合肥 10～20 千克。

4. 繁种要点

采茭季节，选择单株产量高、品种特征明显和无病虫害的茭墩，挂牌标记，以留作种苗；10月中旬或翌年3月下旬，将留种茭墩移植到种苗田，种植行株距为0.7米×0.5米；同时，清除杂株、劣株、雄株和灰茭株。

秋季栽培的种苗田，入冬后随着气温下降、植株茎叶逐渐枯死，需做好枯枝残叶的清理，并在"冬至"前将茭墩齐泥割平，灌浅水湿润越冬。

茭苗萌发或返青后，及时灌浅水、追施分蘖肥，促进茭墩早分蘖、多分蘖。当茭苗达30厘米高时，淘汰生长过旺或过弱、叶色不一致的茭墩，将其余茭墩种苗供应大田种植。种苗与大田比为1：12～15。

采取综合措施，控制病虫杂草。茭苗栽后半个月，结合移苗补缺，做好人工耘田除草。此后，根据田间杂草生长情况，选用10%苄黄隆300克，拌细土25千克撒施除草。茭白的主要病虫有二化螟、长绿飞虱、锈病、胡麻斑病和纹枯病。其防治工作，要做到以农业防治为主、合理准确使用农药和禁用高毒、高残留农药，以确保食用安全。

技术评价及推广应用成果：金茭1号丰产性好、品质佳、耐肥抗病和个体较大、肉质细嫩，在金华的磐安、东阳、武义和丽水遂昌等县（市）均有种植，累计应用达2.9万余亩，是浙江省高山茭白的主栽品种之一。

育种者简介：张德明，浙江磐安县人，大学专科，农艺师，现任职于磐安县农业局蔬菜办公室，参加水生蔬菜新品种选育与开发课题，系金茭1号选育工作的主要完成人。

金 茭 2 号

金茭2号，系金华市农科院、浙江大学蔬菜所等单位合作育成的单季茭白品种。该品种以茭白水珍1号为基础材料，经系统选育而成，属耐高温类型品种。2008年1月，通过浙江省非主要农作物品种认定委员会认定（认定号：浙认蔬2008005）。

1. 产量表现

2004—2006年，经武义、兰溪和丽水等地多点品比试验，平均亩产2 279.9千克，变幅2 151.8～2 431.7千克，比对照六月白增13.72%；比水珍1号增12.13%。

据生产调查，一般亩产2 000千克左右。

2. 特征特性

植株较直立。株高220厘米左右，单株绿叶数6叶以上，叶片淡绿色，最大叶长162～170厘米、宽3.6～3.9厘米；叶鞘浅绿色、鞘长52～55厘米；分蘖力较强、年生长期每墩有效分蘖11.8～14.1个。茭体4节，茭肉棱形，表皮光滑，肉质细嫩。感光性偏弱，较耐高温，耐肥力中等，抗病性较强。有二个较集中的采收期，即6月下旬～7月中、下旬，单茭重（壳茭）120.2克，茭肉长17.0厘米，茭肉第2、3节节间长分别为6.1厘米、6.5厘米，粗（直径）分别为3.9厘米、3.0厘米；9月下旬～10月中旬，单茭重（壳茭）98.0克，茭肉长16.4厘米，茭肉第2、3节节间长分别为5.8厘米、6.6厘米，粗（直径）分别为3.7厘米、2.9厘米。

开春后，气温稳定于5℃以上萌芽。孕茭适温22～32℃，低于15℃或高于35℃停止孕茭。一般夏茭在6月上、中旬孕茭（叶龄10.5～13.0叶），6月下旬～7月中下旬采收；秋茭于8月中旬～9月上旬孕茭（叶龄9.5～11.5叶），9月下旬到10月中旬采收。气温低于10℃，地上部分停止生长；5℃以下地上部分枯死，以地下部分越冬。

3. 栽培技术

（1）田块准备。金茭2号的孕茭适温为22～32℃，可选择水库的库口灌区种植，要求土层深厚、土质肥沃、水源充裕、排灌方便。栽插前，每亩施腐熟有机肥 1 500 千克，灌浅水翻耕、耙耖、耥平后待用。

（2）栽足密度。一般 3 月中、下旬移栽，采取宽窄行种植，宽行 90 厘米、窄行 60 厘米、株距 50 厘米，每亩栽 1 800 丛左右、每丛 2～3 株。提前到 3 月中旬以前移栽的，要采用小拱棚薄膜覆盖保温育苗。

（3）水浆管理。越冬时，保持田间较深水位，以防止冻害；次年入春后，保持 1～3 厘米浅水层，促进提温和萌芽；3 月中旬～5 月中旬，灌 3～5 厘米水层，促进分蘖形成；6 月初，当达到预期苗数后，灌 15～20 厘米深水，抑制无效分蘖；孕茭前期，放浅水避免"爬管"。

（4）肥料管理。4 月上旬（分蘖初期），每亩追施"双绿"水稻专用复混肥 50 千克或"国升"茭白专用有机肥 50 千克；6 月上、中旬，田间植株叶色褪淡、20％分蘖基部呈扁秆状时，每亩施"双绿"水稻专用复混肥或"国升"茭白专用有机肥 15～25 千克作"孕茭肥"；夏茭采收结束后，及时施用"恢复肥"，促进分蘖萌发和形成。秋茭追肥，参照夏茭施肥技术，结合田间苗情进行。

4. 繁种要点

淘汰杂株、劣株，选择结茭部位低、结茭率高、成熟一致和茭肉肥大的茭墩留种。入冬后，随着气温降低，植株茎叶逐渐枯萎，及时清理枯枝残叶，并在冬至前将茭墩齐泥割平，浅水湿润越冬。

3 月中旬，将留种茭墩移植于种苗田，种植密度宽行 90 厘米、窄行 60 厘米、株距 50 厘米。移栽返青后，做到浅水灌溉、早施足施分蘖肥，促进茭墩分蘖。

当茭苗长达 30 厘米左右，淘汰萌发不整齐、生长过旺或过弱和叶色不一致的茭墩，将其余茭墩繁殖种苗供作大田种苗。种苗田与大田比为 1∶12～15。

技术评价及推广应用成果：金茭 2 号的育成填补了我省茭白

耐高温型品种选育的空白，产量高，品质佳，茭肉洁白矮壮、光滑细嫩，商品性好，适合在金华、丽水等浙江中部地区水库库区下游发展种植，目前，累计应用面积为 3 200 余亩。

育种者简介：郑寨生，浙江兰溪市人，大学本科，高级农艺师，金华市蔬菜专业首席专家，现任职于金华市农科院。近年来，主持水生蔬菜新品种选育与开发课题，带领课题组先后育成了茭白新品种金茭 1 号和金茭 2 号。

曾获得金华市第五届专业技术拔尖人才和浙江省科技先进工作者荣誉。

东阳花菘菜

东阳花菘菜，系东阳市种子公司以东阳地方品种花菘菜混合种群为基础，经系统选育而成。2001 年 4 月，通过浙江省农作物品种审定委员会的认定，定名为东阳花菘菜。

1. 特征特性

株高 60～70 厘米，开展度 20 厘米×20 厘米，单株总叶数 22 片左右；叶片浅绿色，叶缘呈不规则锯齿状，缺刻较深，叶面光滑、无刺毛；叶柄长 40.2 厘米、宽 1.2 厘米，白色。单株鲜重 0.3～0.5 千克，一般大田亩产 3 500～4 000 千克。早熟，一般定植后 50 天采收，其纤维较发达，制作咸菜品质上乘。

2. 栽培技术

（1）**播前准备。**选择肥力中上、排水良好、结构疏松和富含有机质的沙质土栽培。前茬作物收获后，及时净园。翻耕前，每亩施农家肥 3 000 千克、复合肥 30～40 千克；翻耕后，作充分整耙，制成高畦，畦宽为 1～1.3 米。

（2）**播种和定植。**一般 8 月下旬播种，行株距为 40 厘米×20 厘米，每亩种植 6 500 丛左右。采取育苗移栽，于 9 月中下旬定植，苗龄控制在 25 天左右。

（3）栽培管理。定植还苗后 15 天左右，结合中耕，每亩追施稀薄人粪尿 1 000 千克或尿素 15～20 千克。此后，根据田间生长情况，可适当追肥，但鲜菜收获前 20 天停止施肥，以促进茎叶组织充实、提高腌制品质量。注意及时清除田间杂草。

（4）防治病虫。危害花菘菜的主要病虫有软腐病、黑斑病、病毒病、蚜虫、菜螟和菜粉碟。

软腐病：选用丰灵 50～100 克拌种 150 克；发病前或发病初期用 50％多菌灵 600～700 倍液喷洒；发病后，以 72％农用硫酸链霉素 3 000～4 000 倍液或新植霉素 4 000 倍液喷治 1～2 次，间隔 6～7 天。

病毒病：避免与十字花科蔬菜连作，做好苗期的防治蚜虫工作。在此基础上，感病田块在发病初期采用 20％病毒 A500 倍液喷治 1～2 次，间隔 10 天。

黑斑病：发病初期，选用 50％多菌灵 500～600 液或 65％代森锌 500～600 倍液持续喷治 2 次，间隔 7～10 天。

菜螟：在采取翻耕整地、调整播期和适当灌水等农业防治措施的基础上，可选用 0.6％阿维菌素（灭虫灵）1 500～2 000 倍液进行防治。

蚜虫：可以 10％吡虫啉 2 000 倍液等喷治。

技术评价及推广成果：东阳花菘菜传承了花松菜的优良种性，表现丰产性好、耐热性强和生育期短，制作的咸菜色泽鲜黄、口感脆爽，商品性甚佳。目前，在金华、杭州、绍兴和衢州等地均有种植，累计推广应用达 10 万余亩。

经省级项目鉴定确认，"东阳花菘菜新品种选育"创新了夏季无公害栽培技术；改变了白菜类腌制品种混杂、品质不稳定和夏季市场白菜类腌制品种缺乏，以及产品安全性问题的现状，综合水平达到省内领先。

获浙江省农业丰收奖三等奖和省农博会金奖。

育种者简介：程立巧，浙江东阳市人，大学本科，高级农艺师，现任职于东阳市种子公司。主要从事蔬菜新品种引进（选育）、试验及推广工作。

永康白皮丝瓜

永康白皮丝瓜，系永康市种子公司以白皮丝瓜（本地种）变异株为基础材料，经系统选育而成的丝瓜品种。2000 年 4 月，通过浙江省农作物品种审定委员会的认定（认定号：浙农品认字第 272 号）。

1. 特征特性

植株蔓生，蔓长 5～10 米。叶片呈掌状五裂单叶、长宽均 25 厘米左右，叶色深绿，花黄色。鲜瓜果皮洁白、光滑，瓜柄基部有 8～10 条细短青筋，瓜长 30～45 厘米、横径 3～5 厘米，上下粗细相近，单瓜重 250～450 克，瓜肉浅绿色，质地细嫩，品质上乘。

结瓜早，主蔓第 5～8 节见第一雌花、第 10～11 节结第一瓜；结瓜性强，一般隔 3～5 节结一瓜。当肥水条件较好时，能每节出雌花、连续 2～4 节结瓜。一般雌花授粉后 12～15 天，鲜瓜粗（横径）达 3～5 厘米即采收上市。鲜瓜膨大适温≥23℃，炎热的盛夏照样能正常结瓜，故正常的栽培管理条件下，鲜瓜可从 5 月中旬到 9 月下旬持续不断上市。一般鲜瓜亩产达 3 400 千克以上。

2. 栽培技术

（1）立地条件。 该品种对温光及肥水条件要求甚高，其中结瓜期沟内必须灌浅水，故选择种植田块注意光照充足、浇灌方便和肥力中等以上。

（2）适期播种、定植。 一般要求在日平均气温 15℃ 左右播种，即浙中地区为 3 月中旬至 4 月中旬。采取育苗移栽，苗龄 20～30 天，于 4 月中旬至 5 月初移栽定植。定植密度以每亩 800

株左右为宜。

(3) 精细管理。定植前，每亩施腐熟栏肥 1 000～2 000 千克、碳酸氢铵 30 千克和钙镁磷肥 20～30 千克。施用方法：在畦中心开沟深埋碳酸氢铵，然后，埋施经过充分拌合的腐熟栏肥和钙镁磷肥。定植成活后，结合中耕除草追施稀薄人粪肥 2～3 次。但要避免在植株坐瓜之前施用氮肥过多，导致 C/N 比失调，茎叶疯长而难以坐瓜。

瓜蔓长 0.5 米左右需及时搭架，可采用棚架式或篱笆式，但必须是牢固和足够大。进入结瓜盛期之后，每隔 15～20 天须追肥一次，一般每亩施尿素 5～8 千克。"梅雨"期间，做好褐斑病和霜霉病的防治工作，即要求在摘除和烧毁病叶的基础上，选用托布津、霜霉灵和百菌清等药剂，抢晴天喷治 3～5 次。

技术评价及推广成果：永康白皮丝瓜，品质佳、产量高、商品性好，且结瓜早、坐瓜多，一般每亩经济收益达 3 500～6 000元，受到省内外市场的广泛认同。据统计，当前浙江省内金华、温州、台州、宁波和绍兴等地累计种植面积达 10 万余亩，并被江西、福建、湖南和贵州等省广为引种栽培。

2000 年度获永康市科技进步三等奖。

育种者简介：吕高强，浙江永康市人，中专，农艺师，现任职于永康市种子技术推广站，主要从事蔬菜、水稻新品种引进（选育）、试验和栽培技术研究推广工作。

武香 1 号

武香 1 号，系武义县真菌研究所以引自日本的香菇子实体为基础材料，采用组织分离、诱变、培养和纯化技术，育成的高温型香菇品种。1998 年，通过浙江省农作物品种审定委员会的认定（认定号：浙农品认字第 233 号）。

1. 特征特性

子实体单生、偶有丛生，菇蕾数多，菌盖圆形，直径 5～10 厘米，淡灰褐色；菌柄长 3～6 厘米，粗 1～1.5 厘米、中生、白色。菇形圆整，大小适中，有弹性，具硬实感，外形美观。菇体致密，口感嫩滑清香。

发菌适宜温度为 24～27℃，出菇温度为 5～30℃，分别比本地品种提高温幅 2℃和 5～6℃。因此，当盛夏高温季节菇棚温度达 34℃、持续 10 天以上，且夜间温差 10℃以上，仍能正常出菇。生物学效率达 113.3％以上。

武香 1 号从菌袋接种至鲜菇采收，约需 60～70 天。一般以反季节栽培为主，即鲜菇采摘始期为 6 月下旬～7 月初。

2. 栽培技术

（1）培养菌种。据经验，母种在温度 25～32℃需培养 12 天；原种在温度 23～27℃需培养 42 天；栽培种在温度 22～27℃需培养 35 天；菌袋接种后，在温度 18～33℃的条件下，栽培 50 天进入出菇期。因此，一般要求当年 9～10 月繁殖母种；10～11 月繁殖原种；10 月～翌年 1 月繁殖栽培种；11 月～翌年 3 月接种栽培，到 6 月中、下旬排场、转色和出菇。但高海拔地区应适当提前，避免受翌年 1 月～3 月的低温影响，致使发菌缓慢、延迟出菇。

（2）配制培养基。供选用的培养基配方：A、杂木屑 78％、麦麸 20％、石膏 1％、白糖 1％；B、杂木屑 74.5％、麦麸 15％、玉米粉 3％、益菇粉 7％、白糖 0.5％；C、杂木屑 79％、麦麸 18％、玉米粉 2％、糖 0.5％、硫酸镁 0.5％；D、杂木屑 70％、棉籽壳 30％、外加麦麸 15％、石膏粉 2.5％、白糖 1％、磷酸二氢钾 0.1％；E、杂木屑 80％、棉籽壳 20％、外加麦麸 18％、玉米粉 2％、石膏粉 2.5％、钙镁磷肥 1％、白糖 1％；F、杂木屑 78％、麦麸 18％、玉米粉 1％、石膏粉 1.5％、硫酸镁 0.2％、活性炭 0.1％、糖 1.2％；G、杂木屑 59％、棉籽壳

25%、麦麸 13%、石膏粉 2%、白糖 1%、磷酸二氢钾 0.1%；
H、杂木屑 47.6%、菌草粉 30%、麦麸 18%、糖 1.2%、过磷
酸钙 1%、石膏粉 2%、尿素 0.2%。其中 A、B、C 配方以丽水
一带菇区较多使用；D、E 配方较适合武义及周边菇区；F、G、
H 配方适合福建省长汀一带菇区。

根据不同的原料和辅料灵活掌握培养基的含水量，一般以手
捏成团、指缝无溢水，掷地即散为适宜。

(3) 选择栽培袋。栽培袋选择长 50～55 厘米、宽 20～22 厘
米、厚度 5 丝的高密度聚乙烯塑料袋；外袋选择长 55～60 厘米、
宽 22～24 厘米、厚度达 1.5～2 丝的高密度聚乙烯塑料袋。

(4) 装料灭菌。菌袋制作及接种恰逢"雨汛"期，气温较
高，湿度很大，要求培养基料制成后 3 小时以内完成装袋和入灶
灭菌。灭菌灶采用旺火升温，使灶温 3 小时以内达到 102℃，且
持续稳定 14 小时左右，以控制微生物的繁殖速度。菌袋入灶叠
放不能太紧，留有适度间隙，以保证灭菌的效果。灭菌中还须
注意：

第一，及时换水和添加热水。每天给灭菌灶换一次清水，除
去锅内污水，并把菌袋移入常压灭菌灶内，合理排放，使灶内蒸
汽流畅、受热均匀、消除死角。为防止灶面失水破裂，烧坏料
袋，应及时添加 85℃以上的热水，添水时要避免灶温下降，影
响灭菌效果。

第二，火力"攻头、保尾、控中间"。菌袋入灶后旺火猛攻，
尽可能使灶内温度在 3 小时以内达到 102℃；当温度指标达到要
求后，改旺火为文火，保持 102℃恒温达 16 小时；停火前，旺
火猛烧 40 分钟。

第三，做好灭菌后处理。停火 20 分钟后，当灶内温度降到
95℃时，及时打开灶门，将菌袋 2 小时内搬卸完毕，避免在灭菌
灶放置时间过长胶布发黄、胶质老化脱胶。菌袋出灶后，排放在
清洁干燥、通风处冷却。冷却场所须事先做好清理、消毒工作。

（5）接种与发菌管理。 待菌袋温度降至 35℃ 左右移入接种室内，将菌种和接种器具送入接种室，关闭门窗，采用 10 毫升/立方米甲醛和高锰酸钾 6～7 克密封熏蒸 30 分钟；接种人员经 75% 酒精消毒后，方可入室作业。

经接种的菌袋按"井"字形堆放，每层 4 袋，堆高 14 层。一般前 15 天培养室的温度保持在 18～28℃，控制室内相对湿度 75% 以下；接种后 10～15 天，菌丝伸出接种口周边蔓延 4～5 厘米时，进行第一次翻堆检查，将每层 4 袋减至 3 袋；当菌丝伸长达 8～10 厘米时，进行第二次翻堆，把胶布拉起一角拱成约 0.5～1 厘米的小孔，并将扁长型的菌袋压成正长方型，接种口朝向两侧，每层 2～3 袋叠放，高 6～8 层。

（6）后熟条件。 采用菌丝生理成熟—排场—转色—脱袋—出菇转色技术，能有效解决香菇高温季节栽培易受杂菌污染、烂筒的技术难题。

菌筒排场前，须把握以下特征：A、菌筒菌丝体膨胀瘤状隆起物占整个袋面的三分之二；B、手握菌袋时，瘤状物菌体有弹性和松软感；C、菌袋四周出现少许的棕褐色分泌物。

菌袋排场后，约经一个星期的环境适应，当瘤状物基本长满菌袋、约有三分之二转为棕褐色时，即可脱袋。

（7）出菇管理。 第一，拉大温差。白昼将盖膜撑至菌架中间，夜晚掀开盖膜结合喷水，使昼夜温差达 10℃ 以上，以促其出菇；第二，处理黄水。在吐黄水期间，要经常通风和喷水，即采用喷水壶或喷雾器将清水喷洒于菌袋表面，盖上薄膜，使黄水部分稀释落地、部分分布于菌袋表面；第三，防暑降温。利用水库底的低温水或流动清洁水灌"跑马水"，以降低菇棚温度；第四，调控水分。当菌袋含水量降至 35%～40% 时，及时补水至 50%～55%，防止菌袋脱水死菇。

（8）适期采收。 当子实体成熟时适时采收，一般掌握子实体成熟达 6～8 成采收，即菌膜破裂，菌盖尚有少许内卷时；出口鲜菇，以子实体成熟5～6成采收，即菌膜未破至微破时。

采摘以拇指和食指捏住子实体基部进行旋摘，不要伤及小菇蕾，防止菌柄断裂，并将残留在菌袋上的菌柄清除干净，以防腐烂而污染菌袋。采摘的鲜菇，轻拿轻放，及时进冷库预冷和加工包装。

(9) 菇潮间隔期管理。当鲜菇采收1～2潮后，菌筒含水量降至35%～40%时，要及时补水。具体做法：将采菇后的菌筒表面清理干净，掀膜通风5～7天，待采收鲜菇后的凹陷处菌丝发白即行补水。初次补水的水量要足，即达发菌初期的菌筒含水量。此后，每次以100克的水量递减。菌筒表面水份凉干后撑膜至菌架上方，拉大日差、温湿差，3～5天后可形成菇蕾。

技术评价及推广成果："武香1号香菇新品种选育及配套栽培技术的研究"项目，经浙江省科技成果鉴定，属国内首创、居国际先进水平，填补了我国低海拔地区夏秋高温季节大规模栽培香菇品种及技术的空白，在国内达到领先水平。

该品种产量高、品质佳、耐高温，在低海拔（100～500米）的半山区、小平原地区和高海拔地区均能作夏菇栽培。目前，全国有北京、上海、河南、山东、辽宁、桂林、新疆、四川、广东、广西、云南、海南和黑龙江等二十余个省（市）引种栽培，是国内反季节香菇的主栽品种。据统计，截止2006年底，全国累计栽培达71.35亿袋，产值144.33亿元，为菇农新增收益83.48亿元，出口创汇额达11.77万美元。

1998年，获浙江省科学进步奖二等奖、金华市科学进步奖一等奖和武义县科学进步奖一等奖。

育种者简介：李明焱，浙江武义县人，大学本科，副高和副研究员，创办了金华寿仙谷药业有限公司、浙江省武义金星食用菌有限公司和浙江省武义县真菌研究所。长期从事食（药）用真菌类、名贵中药材的品种选育和栽培技术研究、推广以及产品研发工作，育成了香菇武香1号、868、草菇草菇1号、铁皮石斛浙 L 号和赤灵芝灵芝 1 号等品种；承担"代料香菇周年栽培技术开发与推广"、"武香 1 号香菇新品种选育及配套栽培技术"、"铁皮石斛药材及相关产品质量标准研究"、"精加工用灵芝优良品种选育及栽培技术研究"、"灵芝孢子破壁新工艺研究与开发"等国家、省（部）级项目（课题）20 余项；并荣获国家、省和金华市科技进步奖 12 项。主编《中华仙草—灵芝》等著作 6 本、撰写并发表论文 10 余篇。

享受国务院特殊贡献政府津贴，荣获全国"五一"劳动奖章、全国十佳科技人才、全国青年星火带头人十杰、全国青年科技标兵、全国劳动模范、国家星火计划致富能人和浙江省有突出贡献的中青年专家等荣誉 10 余项，受到江泽民、胡锦涛等党和国家领导人的亲切接见。

施 化 果 桃

施化果桃，系以连黄与金华大白桃杂交选育而成的黄肉型早熟水蜜桃，属南方品种群鲜食类品种，并以育种人姓名为品种名。

1. 特征特性

树势强健，幼年树根系发达、生长旺盛，半成苗定植二年后开花率达 46%。当年生枝条阳面呈深粉红色。叶片大，枝条基部第 4 叶长 14.9 厘米、宽 4.2 厘米；叶片前期墨绿色、中期黄绿色、后期褐色。花芽体大，无花粉。结果枝叶果比 8.1：1，长、中、短果枝均能结果，当年生结果枝基部以花丛状结果为主。果实广卵至圆形，缝合线为白色，果顶有红晕，果实周径 13.4 厘米，茸毛极少，单果重 200～300 克；果皮、果肉金黄色，无红色素，果肉多汁、纤维少，香气浓，无酸味，可溶性固形物含量 14.3%～15.2%，粘核。耐贮藏，一般果实在常温条件 16 天仅果顶红晕部分果皮皱缩、肉质不腐烂。抗桃炭疽病和细菌性穿孔病，易感生理性流胶病和红蜘蛛、蚜虫。

在金华栽培，一般3月中旬初花、4月初终花、5月下旬果实成熟。从终花至成熟57天左右。

2. 栽培技术

(1) 矮化密植。该品种适宜矮化密植栽培，一般采取浅穴浅栽每亩定植220～660株。同时采用主干形整形，3个主枝与自然开心形相同，培育上层主枝注意拉开层间距、主枝长度依次缩短、不留副主枝，使树体呈宝塔形。整形修剪中，要坚持疏除直立生长枝，以防止上强下弱；对下层枝条要及时扭枝，并适当疏除部分营养枝。

栽培管理上采取先促后控、速生栽培，做到"当年定植、次年挂果，第3年丰收"，一般到4年果园亩产可达2 500千克。

(2) 配置授粉树。该品种自花结实率较低，必须配置一定数量花期相近、花粉量大的授粉树，如浙金1号、早花露和大观1号等品种。授粉树的配置比例为10∶2，采取"米"字型或"Z"字型布局。

(3) 合理施肥。合理配施氮、磷、钾肥是稳产丰产的关键，一般要求按氮1∶磷0.5∶钾1的比例施用。注意增施有机肥或生物肥料。施肥方法上做到重施稳果肥和复势肥（冬肥秋施），一般应各占当年总施肥量的35％。

(4) 病虫防治。一般在做好冬季清除枯枝残叶、病枝僵果及涂抹石灰水的基础上，当花蕾露红时应及时做好桃树缩叶病的防治，可选用晶体石硫合剂500克、对水15千克进行喷施。同时选择对口药剂做好蚜虫和红蜘蛛的防治，若发现桃红颈天牛应及时进行人工捕杀。

育种评价及推广成果：2005年，在全国名果评审会上获得"中华名果"荣誉。目前，浙江省主要分布在金华市的婺城区、金东区和宁波市、衢州市等地栽培；省外有云南、贵州和江苏等地引种栽培。

育种者简介：见金华大白桃。

金华大白桃

金华大白桃（又名源东白桃），系以黄肉桃连黄的变异单株，经系统选育而成的早熟水蜜桃品种。以金东区源东乡为原产地，源东白桃系金华市知名品牌、金华市精品水果，获得"全国星火计划成果金奖"和"国际农业科技成果创新奖"等荣誉。

1. 特征特性

树势中庸，幼年树根系发达、生长势较强，半成苗定植二年树高 160～180 厘米，冠径达 170 厘米左右。当年生枝条阳面呈深粉红色。结果枝基部（5 厘米）叶片主脉粉红色，叶片前期墨绿色、后期褐色。结果性能好，一般长、中、短果枝均能结果。果实广卵至圆形，缝合线浅，果实特大，横径 7.0～8.9 厘米、纵径 7.4～8.5 厘米，单果重 286 克，大小均匀；果皮白中透红，果顶有红晕，绒毛极少，果面有粉红色针孔状红色条纹；果肉乳白色，肉质紧密，质细松脆，纤维少，无红色素，味甜香浓，汁液多，可溶性固形物含量 14%，粘核，可食率＞90%。果实耐储藏、一般常温条件下可存放 7 天。耐旱、耐高温，抗桃炭疽病和细菌性穿孔病，易感生理性流胶病、红蜘蛛和蚜虫。

在金华栽培，一般 3 月中旬初花、4 月初终花、5 月底成熟，即从开花至果实成熟 67 天左右。

2. 栽培技术

（1）栽足株数，配置授粉树。一般当年 11 月中旬至翌年 2 月底为定植适期，可选用成苗或半成苗定植。每亩定植密度为 110～220 株，需根据果园结果数和果实质量的设计目标来确定。

该品种花芽体大无花粉、自花结实率低，故合理配置授粉树至关重要，是一项关键的丰产栽培技术。一般授粉树的配置比例为 10：2，且要求授粉树的花期与金华大白桃吻合或相近。

（2）协调肥水，适时疏果。按照"少施氮肥，多施钾肥，增施有机肥"的原则,当年终花后施第一次追肥(稳果肥);果实硬核期施第二次追肥(膨果肥);到 9～10 月份施基肥(冬肥秋施)。其中稳果肥和膨果肥以化学肥料为主,可选用生物肥料等,一般每株成年树为 3 千克;基肥则以有机肥或者厩肥为主,施肥量应占全年总施肥量的 50%。

根据"叶片不足时少挂果,果量大时促树势"的要求,在 4 月中旬待生理落果之后,及时进行疏果,以提高果品质量。

(3)播种绿肥,培育地力。不管是山地桃园还是平地桃园,必须在当年 10 月份播上绿肥,到次年 4 月上旬翻耕埋施,不仅能涵养水土、改善土壤结构,以提高园地肥力,且能改进果实品质、延长桃园经济寿命。

(4)修剪控势,防治病虫。一般进入夏季(5 月)要及时修剪枝条,即在新枝木质化前进行扭梢和疏除营养枝,以控制树势、促发短枝。

在抓好冬季清园、控制病虫源头的基础上,要注意对桃树缩叶病的药剂防治,一般在花蕾露红时选用晶体石硫合剂 500 克、对水 15 千克喷治。

技术评价及推广成果:经浙江、湖北和福建等地专家鉴定,金华大白桃是目前国内外早熟桃中罕见的特大的、肉细味甜的经济效益好的优良品种。金华大白桃不仅果型大、口感佳、抗性强,且适应性广。目前,我国除新疆、西藏、青海、海南和台湾等省之外,国内各省(直辖市、自治区)均有栽培。

育种人简介:施化果,金华市金东区人,大学专科,副研究员,创办了源东园艺场,从事桃类新品种选育(引进)及配套栽培技术研究与应用,育成的桃类品种有金华大白桃和施化果桃。

浦江桃形李

浦江桃形李,系浦江县经济特产站以野生种质资源开发而成的李类地方特色品种，以浦江仙华山脚一带为主要种植区，目前，已做成浦江果品类的特色产业。

1. 特征特性

树冠呈纺锤圆形，树势中庸、半开张，自花结实，果实心脏形，果顶钝凸，缝合线深，不对称，果皮青黄色、覆乳白色果粉，果斑不明显，有油胞点，果顶近核处呈空腔，无裂果现象，果粒小，离核，果肉细腻、松脆、味爽甜。平均单果重 70 克左右，大果可达 150 克以上，平均亩产 1 000～1 500 千克，高产果园可达 2 000 千克以上。

该品种于 3 月中旬至 4 月上旬开花，花期长、有的年份可达 20 天，8 月上、中旬成熟。

2. 栽培技术

(1) 适期定植。 一般以当年 12 月～翌年 3 月为定植适期，定植行株距 4 米×3～3.5 米，每亩栽种 50 株左右。定植苗做到当年播种、当年嫁接、当年出圃，嫁接采用方块芽接法，嫁接工具选用自创的"三刀口"芽接刀。

(2) 调控肥水。 当年秋冬闲季进行园地深翻改土，翌年春季抓好生草栽培，到雨季及时排水；旱季割草覆盖树盘及灌水抗旱，间作豆科作物；施肥，幼龄树栽活后浇一次薄人粪尿，4～8 月浇一次薄肥，10 月份重施一次有机肥。结果树年施肥 3～4 次，春肥在 2 月中、下旬；壮果肥在 5 月下旬～6 月上旬，采果肥在采后或采前 5 天；10～11 月施一次有机肥。每亩年施氮和钾肥 12～13.5 千克、磷肥 8～9 千克、有机肥 1 000～1 500 千克。

(3) 整形修剪。 整型，春季萌芽前半个月在苗高 40 厘米处剪截，萌芽后，选择 3～5 条生长势强，分布均匀，上下有一定间隔的强枝作主枝，其余枝为辅助枝。强枝给予摘心，形成主枝 5～7 条，侧枝 15～30 条。投产期控制树高 2～2.5 米。

修剪，一般分生长期修剪和冬季修剪。即 4 月份先行抹芽，抹弱留强，疏密留稀；5 月份枝条长至 40 厘米即行扭枝，以不扭破树皮为度，并采取拉枝、拿枝等方法，使树冠成多主枝自然开心形，提高通风透光度；冬季，剪去病虫枝、病僵枝、交叉枝和内膛寄生枝等。

（4）**保花保果。**疏果，掌握叶果比为 20∶1，疏去内膛果和纤细枝果，果间距不少于 5 厘米；施好采果肥，保证树体健壮旺盛而不徒长；及时防治蚜虫、穿孔病和缩叶病以及喷施叶面肥。

（5）**病虫防治。**坚持"预防为主、综合防治"的原则。冬春季抓好果园深翻除草、树干涂药、清沟排水和清除病弱枝，以降低病虫基数，并注意保护和利用天敌。在此基础上，根据病虫发生规律，选择对口农药进行化学防治。

3. 术语解释

（1）**"三刀口"芽接刀。**选用竹片或木条制成长 8～10 厘米、宽 1.3～1.5 厘米的基件，取 2 条长 10～12 厘米的钢锯条，分别固定在基件两侧，另取 1 条长 8.3～10.3 厘米的钢锯条固定于基件，形成凹槽形、刀口宽 0.3 厘米的刀具。

（2）**生草栽培技术。**在果园管理过程中，清除空心莲子、杠板归等恶性杂草，保留看麦娘类良性杂草，使得果园地表从初春到初冬均覆盖鲜草。此间，采果前后，结合施肥进行一次割草压青或覆盖树盘；到冬季结合清园，再进行一次锄草、扩穴压青。据试验，采用生草栽培，盛夏果园可降低地表温度 3～5℃、提高相对湿度 10%，且能涵养水土、增加有机质，有利于果园高产稳产。

技术评价及推广成果：经金华市科技成果评审，浦江桃形李开发及应用技术的研究居于省内领先水平。目前，浦江境内栽种面积达 2 万余亩，年总产量 6 000 余吨、产值 2 500 余万元。1993 年，获准"仙猴牌"注册商标；2000 年，认定"浙江名牌"产品；2002 年，认定"浙江绿色"农产品；2003—2006 年连续 4 年获浙江农博会金奖；2004 年，"仙猴牌"商标荣获金华市著名商标。期间，曾获得浙江省科技进步三等奖 1 项、金华市科技进步二等奖 1 项、浦江县科技进步一等奖和三等奖各 1 项。2001年浦江县被中国林业部命名为"中国桃形李之乡"。

育种者简介：浦江县经济特产站。

俊　果

俊果（药名覆盆子），系浦江县俊果研究所以本地野生资源驯化开发而成的特色果品，可药果兼用。目前，经筛选定型的栽培品种有仙掌、金盾和钩悬。

1. 特征特性

俊果，属落叶性灌木。树型呈倒纺锤型，树高 2～3 米，树冠 2.8～3 米，单一主干延伸到树顶。主干粗（离地面 20 厘米）2.5～3 厘米，树皮呈青黄色。一次侧枝 12～28 条，二次侧枝 10～13 条，枝展角度较大。主干和侧枝表皮长刺。枝长 0.5～1.6 米，枝粗 0.3～0.7 厘米，嫩枝实心、色如青菜芯，单枝互生，覆白粉，树皮较厚、易剥离；老枝表皮木栓化，难以剥离，植株已丧失输送功能。肉质根，无垂直主根，根系多分布于 5～30 厘米土层内，以 10 厘米处最为密集。叶片近圆形、呈掌状 5裂较多，偶有 7 裂，裂刻较深，叶基部近心形，裂片先扁渐尖，边缘有重锯齿，叶片双面叶脉处有短柔毛，托叶条形，单叶互生。混合芽，占全树 90% 以上，花、叶同步生长。不正常树则以叶芽为多、占全树 70%～90%。花白色，单生于枝顶，花梗长 2～3.5 厘米，萼裂片 5 个、双面有短柔毛，花瓣 5 个，两性花，自花授粉。果实为聚合果，呈圆形、扁圆形或椭圆形，红色，下垂，小核果密生灰白色单毛，果蒂不脱落，单果重 5～11克，含可溶性固形物 13%～15%。未成熟青果采摘供药用；成熟果作鲜食或加工果汁、果酱。

该果品于 3 月底始花，4 月初终花，6 月上、中旬成熟，采果期35天以上，当果实采摘完毕，植株即自然死亡，一般寿命期为18~20个月。生物学特性为喜清凉、忌酷热，喜光照、忌暴晒，喜湿润、忌渍水。

2. 栽培技术

（1）立地条件。选择光照充足、避风的丘陵山地或农耕地，要求土壤微酸性，肥力中等，地势干燥、不积水。整地，注意依山地水平带作业。

（2）足株定植。一般采取埋根种植、一次定植多代根蘖苗繁殖更新，即初次种植于当年早春以根蘖苗分株定植。此后，每年采果后删除多余的根蘖苗，控制留苗密度2米×3米，每亩留苗100株以上，丘陵山地须留160株左右。

（3）精细管理。俊果成熟期恰逢梅雨季节，果实易腐烂或变质，故以采用避雨栽培为佳。栽培中，注意及时中耕锄草、铲除无效根蘖苗和追施肥料，追肥，3月初每株施硫酸钾0.2千克，以提高花芽质量；采果后，每株施硫酸钾0.1千克，促进花芽分化。

（4）整形修剪。早春，新树长成后剪除过长枝、过密枝、纤细枝、下垂枝和不健康枝，要求枝长不超过1米、树高在2.5米以下，每株留侧枝10~12条、留果300个，控制亩产250~300千克。

技术评价及推广成果：据资料，迄今国内从事俊果人工栽培技术研究的报道甚少，未见适用配套技术应用的报道。经科技成果评审，俊果综合开发及利用技术的研究达到国内先进水平。

目前，鲜果进入了杭州、金华、义乌等地超市，且药果兼用，一般亩产值达8 000元以上。2005年，获得金华市精品水果金奖。

育种者简介：杨小军，浙江浦江县人，高中，浦江县俊果研究所创办人，专门从事俊果野生资源的采集、筛选和栽培技术研究以及产品的综合开发利用工作。

获得浦江县科技示范户、浦江县拔尖人才和金华市十佳优秀青年荣誉。

早　甜

早甜，系以先锋田间芽变株为基础材料，经系统选育而成的葡萄早熟类型品种。2007 年 2 月，通过浙江省非主要农作物品种认定委员会的认定（认定号：浙认果 2007002）。

1. 特征特性

系多年藤本攀援作物，属欧美杂交种。一年生枝蔓呈红褐色，节间中长，冬芽肥大，健壮嫩枝可见分泌的粉红色营养物质。幼芽初萌时顶部呈粉红色，展叶后，幼叶黄绿色、边缘红褐色。当气温日均值达 20℃ 以上时幼芽萌发，幼叶裂刻较深，成叶后裂刻变浅。叶片呈心脏形、五裂、深绿色，幼叶叶面叶背密布绒毛；成叶叶面无绒毛，叶背有絮状绒毛。叶柄洼开张呈拱形，淡红色，中等长。复总状花序，绿色，外披红褐色鳞片。果穗大，果实圆形，果皮着色初期淡红、中期紫红、后期呈紫黑色，覆厚粉，单粒重 13～15 克。果肉稍脆，果汁中等，含可溶性固形物 16.8％ 左右，含酸量 0.52％，略带香味。较抗黑痘病、灰霉病、白粉病和炭疽病。属早熟类型，即在金华 3 月中旬萌芽、4 月下旬始花、4 月底盛花、5 月上旬终花、6 月中旬着色、7 月初成熟。

一般通过疏花疏果可控制单穗重 600 克左右、单株产量 7.5～10 千克，平均亩产达 1 800 千克左右。

2. 栽培技术

（1）合理密植。采用双十字"V"形架栽培，行株距 1 米×2 米，每亩种植 350 株左右；若采用平棚架栽培，行株距 1.2 米×2.5 米，每亩种植 200 株左右。栽种季节则以冬植优于春植。

（2）科学施肥。 施肥，掌握"适施氮肥，多施磷、钾肥和酌施硼肥"的原则。基肥，一般在当年10月中旬，每亩施腐熟栏肥2 000千克左右、过磷酸钙50千克、硼砂1.5千克。翌年施用追肥，即萌芽期，每亩施尿素15千克、复合肥20千克、硼砂1.5千克；终花期，每亩施尿素25千克、过磷酸钙10千克；硬核期，每亩施尿素5千克、硫酸钾15千克、过磷酸钙10千克；果实采收后，对树势偏弱的可选择雨后、每亩撒施复合肥10千克。

（3）化学调控。 结合摘除心叶处理，始花期采取多效唑控梢，提高坐果率；终花后15天，每亩用吡效隆1支对水2千克浸穗或喷施，以促进果实膨大。此外，注意及时疏果。当果实长至2粒黄豆大小时，摘除小果、病果和畸形果，每穗留果60～80粒。

技术评价及推广成果： 早甜葡萄成熟早、品质佳、抗性强，在金华市境内种植面积达3 000亩左右，约占同类品种的50%。一般亩产1 500千克，每亩产值可达15 000元左右。2006年，曾获得浙江省葡萄产业协会第二届葡萄品种擂台赛银奖。

育种者简介： 俞敬仲，金华市金东区人，大学专科，农艺师，创办了金东区昌盛葡萄园艺场，从事葡萄新品种引进（选育）、试验和栽培技术研究达20余年，在省级以上专业刊物发表论文多篇，获金华市金东区科技示范户称号。

超　藤

超藤，系以藤稔芽变株经系统选育而成的葡萄品种，鲜果比藤稔果型更大，糖度高，口感好，无异味和不裂果、耐储运，即果品品质和商品性超过藤稔，故定名为超藤。

1. 特征特性

属欧美杂交种，鲜果呈短椭圆形，果皮（成熟果）鲜红透黄，果肉紧密、脆甜，糖度达17～18度，果肉与果皮易分离。

果型巨大，采用无核化栽培技术，平均单果重 22～25 克；平均穗重 1 000～1 500 克，最高穗重可达 3 000 克。抗病性与藤稔相仿，但因糖度高易感炭疽病。一般种植 3 年进入盛果期，采取控量减负栽培，每亩控制产量在 1 500～2 000 千克，能保持年际间稳产高产。

超藤在金华栽培，3 月 15 日前后萌芽，5 月初～5 月 10 日左右开花，7 月底至 8 月初成熟，即全生育期 140～145 天。

2. 栽培技术

（1）大肥大水。肥料以农家肥为主，重点抓好秋肥的施用。一般秋肥每亩用腐熟农家肥 3 000 千克左右、磷肥 100 千克左右，做到早施和沟施、面施结合。

（2）疏花疏果。疏花疏果是实现控量减负栽培的途径之一。疏果宜早，一般在谢花后 4～5 天、果实成形能辨优劣即进行，并在谢花后 10 天内疏果完毕。

（3）化学调控。以化学调控技术，做到果实无核化。据经验，经无核化技术处理的超藤果实更大，品质更优。采用化学调控技术，要充分注意施用浓度和次数，做到科学、合理，切忌盲目过量。

技术评价及推广成果：经金华市科技局组织鉴定，超藤是国内近年来选育的巨峰系新品种，其无核化及配套栽培技术基本成熟，技术达到国内先进水平，推广应用前景广阔，建议在全国，特别是北方地区推广。

2004 年"优良新品种——超藤葡萄大规模示范推广"项目，被列入国家级星火计划项目。

育种者简介：江文彬，安徽歙县（市）人，大学专科，农艺师，创办了金华婺江葡萄研究所，专门从事葡萄新品种的引进（选育）及配套栽培技术的研究与应用工作，特别是在葡萄无核化栽培技术上颇有成就，是国内最早在有核葡萄使用化控无核技术并取得成就者。

金蜜 1 号

金蜜 1 号（原名华美），系金华市农科院和河南豫艺种业科技发展有限公司合作选育的杂交西瓜品种，其母本 AH6 系由韩国杂交种丽威多代自交选择而成；父本 D6601 以台湾杂交种新霸自交选育定型。

2007 年 10 月，该组合通过浙江省农作物品种审定委员会的审定（审定号：浙审瓜 2007003）。

1. 产量表现

2005 年浙江省西瓜露地组品种区域试验，平均亩产 2 791.2 千克，比对照京欣 1 号增产 5.2%；2006 年续试，平均亩产 2 562.8 千克，比对照京欣 1 号增产 14.3%。2007 年，参加露地组西瓜生产试验，平均亩产 2 867.9 千克，比对照京欣 1 号增产 19.0%。

2. 特征特性

匍匐茎，植株生长势中等，第一雌花节位为 10 节，雌花节位间隔为 6 节，易坐果。果实近圆形，果形指数 0.9～1.1。果皮厚 1.2 厘米，果面绿色覆深绿宽齿条带 15～16 条，果面光滑、无浅沟、覆腊粉；果瓤红色，瓤质脆紧，汁液中等偏多，中心糖度 10.8%～11.2%，边缘糖度 7.7%～8.3%，单瓜重 4.1～5.0 千克，商品果率 69.0%～87.7%。耐储运性较好、果皮硬度达 40 千克/平方厘米，田间裂果少。中感枯萎病，感炭疽病。

属早熟类型组合，一般作春西瓜栽培，其果实发育期 32 天左右。

3. 栽培技术

（1）小拱棚栽培

1）播种期。在浙江采用小拱棚促熟栽培技术，一般要求在

31

3 月上、中旬播种育苗；4 月上旬定植，覆盖双膜保温。到 6 月上、中旬即可采瓜上市。

2）基肥和作畦。金蜜 1 号生长势较旺，为了促进正常坐果，基肥不宜过多，即在中等肥力水平的地块，每亩施有机肥1 500千克、复合肥 25 千克。定植前 10 天，整地作畦，作畦前需浇水、让土壤吃足底水；将基肥均匀撒施于地面，然后，翻耕、碎土、作畦，搭棚、覆膜，待用。基肥也可在作畦前开沟深施，但在施肥量较少情况下，以集中埋施为佳。

3）育苗与定植。采用营养钵育苗，育苗土须作消毒处理，并以选用肥力较高、通透性好的菜园土为佳。播种前，种子需作催芽处理。播种后，可将营养钵置于电热丝苗床采取控温育苗，种子出苗前控制苗床温度为 28℃；出苗的苗床温度 18℃，出苗期为 3 天左右。或者将营养钵放入大棚内进行保温育苗。

定植前，要求对畦面先行铺膜，以提高土温。每亩定植密度为 450～500 株。

4）整枝与坐果。采用三蔓整枝栽培，即定植后按一主二副进行整枝，将多余的侧蔓和孙蔓分批摘除。每株留果 2 个，在果实生长过程中，及时做好翻瓜和垫瓜，以提高商品瓜的外观品质。

5）通风和保温。定植后，应注意通风和保温。一般定植初期，小拱棚白天棚温控制在 30～35℃、夜间棚温不低于 15℃；植株伸蔓以后，控制白天棚温 30℃、夜间棚温 15℃。当白天温度过高，先将拱棚两头揭膜通风，然后，取拱棚中间段揭膜通风。

留瓜后，注意做好"开花日"标记，以便于准确判定采收适期，确保鲜瓜品质。

（2）露地栽培

1）适期播种。在金华作露地栽培，一般要求在 4 月初播种，最迟不得超过 5 月底。

2）育苗定植。采取苗床集中育苗，控制苗龄 15～20 天，以小苗移栽。育苗中注意控制和防止"高脚苗"的形成。定植密度，一般要求畦宽 450～500 厘米，双行种植，行间距 30 厘米或 40～45 厘米，即每亩定植 500 株左右。

3）病虫防治。常见病害有病毒病、枯萎病和疫病；虫害有蚜虫、瓜螨、瓜绢螟和斜纹夜蛾，尤其以瓜绢螟的危害为重，要根据田间病虫发生的情况，采取农业、物理和化学等综合措施进行防治。

4）其他管理。整枝、坐果和肥水管理等栽培技术，可参照小拱棚栽培技术。

技术评价及推广成果：金蜜 1 号丰产性好，熟期较早，易坐果，商品果率较高，果型较大，且外观漂亮、果肉口感佳，耐储运，适合全省作露地西瓜栽培，也可作早熟栽培或延后栽培。

育种者简介：刘新华，浙江东阳市人，大学本科，高级农艺师，任职于金华市农科院作物所，主要从事西瓜新品种引进（选育）、试验及栽培技术研究，育成的品种有金蜜 1 号和豫艺天福。曾获得浙江省科技进步二等奖 1 项、金华市科技进步一等奖 2 项。

豫 艺 天 福

豫艺天福，系河南豫艺种业科技发展有限公司和金华市农业科学院合作选育的杂交西瓜品种，其母本为豫艺 B；父本系豫杂 1 号。该组合 2007 年 10 月通过浙江省农作物品种审定委员会的审定（审定号：浙审瓜 2007004）。

1. 产量表现

2005 年浙江省西瓜露地组品种区域试验，平均亩产 2 907.1 千克，比对照京欣 1 号增产 9.6%；2006 年续试，平均亩产 2 543.2 千克，比对照京欣 1 号增产 13.4%。2007 年，参加浙江省西瓜露地组品种生产试验，平均亩产 2 879.6 千克，比对照京欣 1 号增产 19.4%。

2. 特征特性

匍匐茎，植株生长势中等，第一雌花节位为 9～11 节，雌花节位间隔为 6 节，易坐果。果实圆形，果形美，果皮厚 1.1～1.7 厘米，果面绿色覆深绿宽齿条带 15～16 条，果面光滑、无浅沟、覆腊粉；果瓤红色，瓤质脆紧，汁液中等偏多，中心糖度 11.2%～11.3%，边缘糖度 7.8%～8.6%，单瓜重 3.5～5.3 千克，商品果率 74.1%～87.9%。耐储运性较好、果皮硬度达 40 千克/平方厘米，田间裂果少。感枯萎病，感炭疽病。

属早熟类型组合，一般作露地西瓜栽培的果实发育期为 31～32 天。

3. 栽培技术

（1）适期播种。 豫艺天福适合作露地覆膜栽培，一般要求在 3 月下旬播种育苗；4 月中、下旬定植，覆盖双膜保温。到 6 月中旬即可采收上市。

（2）择地栽培。 以选择土质肥沃、光照充足和排水良好的沙壤土种植为佳。一般采取宽畦双行种植，要求畦宽 300 厘米，沟宽 30 厘米，双行种植，行距 240 厘米、株距 45 厘米，每亩栽种 500 株左右。

（3）整枝坐果。 采取三蔓整枝、留主蔓和二个副蔓。选择主蔓第 2 朵雌花或侧蔓的第 3 朵雌花坐果，坐果前进行整枝压蔓和控制水肥、防止徒长。

（4）合理施肥。 基肥，一般以腐熟农家肥为主，配施磷钾肥；授粉坐果后，施好"膨瓜肥"。选用复合肥，并适当增施钾肥，以利于提高含糖量、改进品质。

（5）病虫防治。 当前，主要病虫害有病毒病、枯萎病、疫病、斜纹夜蛾和蚜虫。在采取农业、物理和人工捕杀等措施的基础上，注意做好药剂防治工作。

病毒病：选用5％菌毒清200～300倍液、20％病毒A500倍液或病毒K400倍液喷治；枯萎病：选用40％瓜枯宁600～1 000倍液、70％敌克松600～800倍液灌根，或多抗灵150倍液、37％枯萎立克500倍液喷雾；疫病：选用64％杀毒矾500倍液、70％乙磷铝锰锌400～600倍液或58％雷多米尔500倍液喷治；斜纹夜蛾：在卵孵高峰期和低龄幼虫盛发期，选用5％卡死虫乳油、5％抑太保乳油、5％锐劲特和BT、苦参碱、10％除尽乳油、15％安打或24％美满悬浮剂对水喷治；蚜虫：选用1％杀虫素1 000～1 500倍液或20％康福多5 000倍液防治。

技术评价及推广成果：豫艺天福产量高，熟期早，易坐果，单瓜较重，外观精美，品质较佳，少裂果、耐储运，适合全省作露地西瓜种植。

育种者简介：见金蜜1号。

义 红 1 号

义红1号，系义乌市果蔬研究所以拔地拉（Badila）田间芽变株（一茎四蘖）为基础，经系统选育而成的果蔬品种。于2006年1月通过浙江省非主要农作物品种认定委员会的认定（认定号：浙认蔗2006001）。

1. 产量表现

2001—2006年，经多年多点品比试验，平均亩产8 596.6千克，变幅8 126～9 638千克，比对照拔地拉增产68.31％。

义乌市佛堂镇超美畈千亩示范基地，2001—2006年的平均亩产分别为8 737千克、8 326千克、9 872千克、8 357千克、8 797千克和8 359千克；义乌市佛堂镇田心三村朱庭金户2001—2006年连年种植义红1号50亩，平均亩产分别为8 543千克、8 613千克、8 823千克、8 399千克、8 574千克和8 617千克，即6年的平均亩产为8 594.83千克。

2. 特征特性

义红 1 号，植株直立，株高 160 厘米以上（不带梢），节间圆筒型，长 8～10 厘米、粗（直径）3～4 厘米；叶片绿色，叶梢淡红色，幼芽三角形、具芽沟，根点单行排列。鲜蔗（成熟）田间锤度 14 度以上，水裂少，无空心，蔗皮紫红色、多蜡粉，肉质松脆，口感清爽，汁多味甜、出汁率达 75% 以上，商品性好，抗病性强，适应性较广。属早熟类型品种，从栽种至鲜蔗采收 240 天左右，比对照"拔地拉"约早熟 15 天。

3. 栽培技术

（1）蔗田准备。 翻耕前，每亩全田均匀撒施腐熟畜肥 300 千克和含硫果蔗专用复合肥 100 千克。翻耕碎土后，做成"龟背型"畦，清通排水沟。新蔗田栽培，注意做好冬季深翻晒土，促进冻土风化，改善土壤结构，释放养分，提高田块的稳水保肥能力及减少病虫杂草。

（2）合理密植。 将种蔗以 3～4 个芽截为一段，种植行距 1.3～1.4 米，每亩埋蔗种 1 400～1 500 段、有效芽 3 000～3 200 个，争取每亩有效茎达到 3 500 株左右。

（3）适期早栽。 早栽能延长生长期、促进早熟。一般于 2 月份翻耕整畦、3 月上旬采沟埋种。埋种前，每亩施含硫果蔗专用复合肥 25 千克和专用营养素 1 千克作底肥；用"地虫统杀"颗粒剂 2.7 千克和 55% 敌克松 0.4 千克，防治地下害虫和根腐病。

种蔗要选芽眼饱满的大茎截取，并用 1 000 倍托布津药液作浸种处理，以预防凤梨病，确保全苗、壮苗。

（4）覆膜栽培。 为了提高出苗率，促进早分蘖，要求全畦覆盖地膜，达到增温、保湿和保肥。据试验，采取全畦覆膜栽培能有效提高地温，即晴天高 10℃、多云天高 6℃、阴天高 3℃。

覆膜前，用 90% 禾耐斯 16.5 克、扑草净 30 克，对水 15 千克作除草处理。覆膜后，全膜要拉紧封实。待出苗后，及时检查破膜情况，如果蔗苗自行破膜困难，要作人工破膜，以防高温烧苗。

(5) 田间管理。前期主攻全苗、齐苗和壮苗。要求做好开沟排水，降低湿度，防止僵苗和勤检查，及时破膜、保齐苗以及防治虫害。每亩以杀虫单 700 倍液和敌百虫 500 倍液混合或阿维杀 500 倍液和 40% 乐果 1 000 倍液混合，每隔 7 天喷治一次，连续施用三次，能有效控制第一代两点螟的危害。结合治虫，可配以果蔗专用营养素进行叶面施肥。

果蔗伸长期，重点是促进果蔗增长增粗，提高品质和产量。其一，施好伸长肥。5 月底～6 月初，结合大培土每亩施专用复合肥 150 千克，并于 8 月上旬作高畦培土，以提高抗倒能力；其二，保持田间湿度。果蔗伸长期的耗水量约占全生育期需水量的 60%，故要求田间持水量保持在 80% 左右，做到田间晴天泥湿润、雨天不积水；其三，清除分蘗和剥除老叶。从 7 月底起，做好清除无效分蘗和剥除老叶工作。一般间隔 20 天剥叶一次，剥叶后留上部完全叶 9 片；到末次剥叶留完全叶 6 片，以改善田间通风透光条件，促进光合作用，增加糖分积累。

(6) 采收与窖藏。一般以 11 月 30 日前后为采收适期。采收后，要及时进行窖藏。要求选择高燥地段作窖床，按果蔗长度和数量确定窖床规格，将床底做平整、中间采一条宽 10 厘米、深 10 厘米的沟。窖藏时，床底先垫一层蔗叶，将果蔗头尾交叉堆放，一般高 50～60 厘米；用蔗叶覆盖后封土严实。果蔗头部和根部不用蔗叶覆盖、直接用泥封实，藏窖四周开好排水沟，注意防治鼠害。

技术评价及推广成果：义红 1 号稳产性好、增产潜力大，且品质佳、抗病性强、适应性广。目前，浙江、江西、四川、湖北、湖南、江苏、安徽和重庆等省（直辖市）27 个县均有种植。据统计，全国累计种植面积为 40 余万亩，其中浙江省达 20 余万亩，比北缘蔗区原主栽品种拔地拉每亩净增收益 1 025.4 元，实现净增总收益 3.16 余亿元。

研发和形成的果蔗无公害标准化生产技术体系及其浙江省地方标准——无公害果蔗，属浙江省内首创、居国内领先水平，为浙江省乃至我国北缘蔗区果蔗产业化提供技术依据。

义红果蔗曾荣登中国国际农博会（北京），获得中央电视台上榜品牌荣誉；多次获得浙江省农博会金奖、金华市优质果蔗评选金奖和义乌市优质农产品。

"义红1号果蔗新品种选育"获金华市科技进步二等奖、义乌市科技一等奖；"果蔗无公害标准化栽培技术研究"获金华市科技进步二等奖、义乌市科技二等奖。

育种者简介：吴德锋，浙江义乌市人，中专，高级农艺师，创办了义乌市果蔗研究所和义乌市义红果蔗合作社，长期从事果蔗新品种引进（选育）及其高产栽培技术的研究与推广，曾在国内核心期刊发表学术论文多篇，专业造诣较深，为果蔗产业的发展作出了突出贡献。2000年，获国家人事部、国家农业部全国百名农村优秀人才一等功奖励；2006年，获浙江省农业科技先进工作者、金华市第六届专业技术拔尖人才和义乌市科技创新突出贡献者等荣誉。

森山1号

森山1号，系浙江森宇实业有限公司以野生种质资源为基础，经多年筛选培育而成的铁皮石斛人工栽培品种。目前，浙江森宇公司已开发出"森山牌"铁皮枫斗系列产品，成为金华的特色产业。

1. 特征特性

多年生草本植物，茎直立、圆柱形，茎长14.0～36.6厘米，茎粗3.5～6.00毫米，具多节、节间长1.5～1.7厘米。叶互生，绿叶9～19枚，叶片矩圆状披针形或椭圆形，纸质，厚实，长3.8～5.3厘米，宽1.7～2.2厘米，叶尖钝圆略钩转，叶片正面深绿色；背面灰绿色、伴有紫色小斑点，叶鞘抱茎、常具紫斑，但老叶叶鞘上缘与茎松离而张开，与节留有环状铁青色间隙。总状花序，萼片和花瓣淡黄绿色或白色，唇瓣白色，上部着紫红色大斑块、下部两侧是具紫红色条纹；中萼片和花瓣相似，矩圆状披针形，侧萼片镰刀三角形。较抗疫病和黑斑病，多糖含量（干品）达 25％以上。据 DNA 分子标记试验，属枫斗型铁皮石斛，品质较优。

一般组培苗移栽大田的第三年 4 月上、中旬萌发花芽，5 月中、下旬进入盛花期，10 月下旬至 11 月上旬蒴果成熟。即经过 3 年的人工栽培，每亩可产鲜石斛 800～1 000 千克。

2. 工艺流程及栽培技术

（1）鲜石斛生产流程

种子 $\xrightarrow{\text{试管繁殖}}$ 试管 $\xrightarrow{\text{练苗}}$ 移栽 $\xrightarrow{\text{栽培三年}}$ 鲜石斛 $\xrightarrow{\text{加工}}$ 铁皮枫斗

$\xrightarrow{\text{质检}}$ 入库

（2）试管苗繁殖程序

种子 $\xrightarrow{\text{萌发培养基}}$ 圆球茎（1～2 片真叶）$\xrightarrow{\text{小苗培养基}}$ 小苗

$\xrightarrow{\text{壮苗培养基}}$ 成苗（株高 4～5 厘米，叶 5～6 片）

（3）栽培技术

1）栽培基质。铁皮石斛属附生植物。据试验，以树皮、木屑和菌渣等材料配制的栽培基质，种植效果最佳。

2）遮阳避雨栽培。采用 85％遮光率的遮阳网和薄膜搭建成栽培大棚，能达到遮阳避雨效果，改善小气候，满足铁皮石斛对栽培环境的需求。

3）科学施肥。实践证明，采用经发酵的豆饼稀释液作根部浇施为主，结合化学肥料叶面喷施，对促进生长和提高产量的作用显著。

4）病虫防治。当前生产上危害铁皮石斛的主要病虫有黑斑病、疫病和蛞蝓。要采用农业、生物和药剂等综合措施进行防治，并做到最大限度地减少和控制农药对产品的污染。

5）留种要点。采取遮阴防雨栽培、人工辅助授粉和增施磷钾肥等措施，留种田的结果率提高到98％以上。对收获的种子采用超干保存技术保存，确保种子质量。

技术评价及推广成果：以森山1号为基础和先导的"天然药用植物品种组培工厂化技术研究"项目，经国家鉴定与验收，确认在铁皮石斛种植和组培技术研究上取得多项突破，实现了产业化，居于国际先进水平。

目前，金华市境内建成年产200万瓶的试管苗繁殖基地和千亩人工栽培基地，累计生产鲜石斛200余吨，所产"森山牌"铁皮枫斗系列产品，仅2006年实现销售额超2亿元、净利润1 700余万元。

育种者简介：俞巧仙，浙江义乌市人，大学专科，高级农艺师，创办了浙江森宇控股集团有限公司（前身：浙江森宇实业有限公司），主要从事铁皮石斛品种选育和组培苗繁殖、人工栽培技术研究以及系列产品研发工作。承担国家"十五"科技攻关、星火计划、农业科技成果转化资金和农业综合开发等项目多个；创立了"森山牌"铁皮枫斗类第一个中国驰名商标称号。获得全国三八红旗手、金华慈善大使等荣誉10余项。

浙 胡 1 号

浙胡1号，系磐安县中药材研究所以地方品种为基础材料，经系统选育而成的大叶型元胡品种。2007年2月，通过浙江省非主要农作物品种认定委员会的认定（认定号：浙认药2007002）。

1. 产量表现

1989年和1990年磐安县多点品比试验，平均亩产148.95

千克和 77.67 千克（遭受旱灾），分别比当地大田用种（传统混合型种群）增 29.5% 和 16.5%。1991 年和 1992 年磐安县多点试种，平均亩产 101.76 千克和 131.61 千克，比当地大田用种（同上）分别增 8.41% 和 8.87%。

2. 特征特性

直立茎，株高 20～30 厘米，地下茎 4～10 条、细软，叶片草绿色、轮廓三角形，2 回 3 出全裂；末回裂片披针形、卵形或卵状椭圆形。总状花序、顶生，长 1～3 厘米，花数 1～3 朵；花紫红色，3 月中旬至 4 月上旬开花，无盛花期，极少结实，且一般少见开花。成熟块茎扁球形，直径 0.5～2.5 厘米，黄棕色或灰黄色，百粒重 44～66 克，一级品率 19.1%，延胡索乙素含量 0.116%。耐肥力中等，适应性广，较抗菌核病，易感霜霉病。全生育期 172～177 天。

3. 栽培技术

(1) 选地整畦。要求选择地势高、光照好、排水畅和泥层深厚、肥沃的砂壤土田（地）块栽培。精细耕作，做到深翻耕 25 厘米左右，其中地表以下 10～18 厘米必须达到泥碎土松，并捡去石块和杂草后作畦。若系水稻田可免耕，也可翻耕种植。

(2) 适期播种。以 10 月上旬至 11 月中旬播种为宜，最迟不得超过"立冬"。一般种植密度为 10 厘米×11～13 厘米，每亩用种 40～45 千克。播种后，做好清沟盖畦工作。即开沟清土、把沟土敲碎后覆于畦面，覆土厚度以 3～5 厘米为宜。

(3) 精细管理。一般每亩基肥施厩肥 1 000～2 000 千克、碳酸氢铵 50 千克、过磷酸钙 30 千克和钙镁磷肥 50 千克；冬至边，每亩施复合肥 50～60 千克；立春前后，幼苗出土达 3 厘米左右，每亩施复合肥 10～15 千克。此后，看苗酌情补施肥，并注意及时清沟排水。

12 月中旬，每亩用 20% 克无踪 200 毫升、50% 乙草胺 100 毫升（或 90% 禾耐斯 60 毫升）对水 50 千克喷治杂草；3 月上旬起始，根据田间病害的发生发展趋势，交替使用杀毒矾和甲霜灵等农药，防治霜霉病 2～3 次。

（4）采收与加工。 5 月中、下旬，当全部植株枯萎后选择晴天采收，采挖前清除畦面杂草和枯枝残叶，做到从浅到深、边翻边拣。加工，一般采取生晒或水煮。即把采收的块茎过筛分级和清洗后，直接晒干或放入沸水中煮 2～5 分钟后，捞出晒干。

（5）选种留种。 3 月中旬，选择以大叶类型为主、生长健壮的元胡田作留种田，把其中的小叶类型植株（开花盛期）挖除或作上标记、待采收时对周边 1 平方米内的块茎挖作商品。全部留种块茎采收后，挑出直径 0.8～1.0 厘米的子元胡取细砂分层摊放贮存作种，其余的加工成商品。

技术评价及推广成果：浙江省"九五"星火计划项目——"元胡（延胡索）大叶型（浙胡 1 号）良种繁育及推广"，实施后，推广面积达 13 余万亩；据磐安、东阳和缙云等地调查，浙胡 1 号栽培面积占同类作物的 81.7%，是浙江的元胡主栽品种。

1997 年，获浙江省科技进步三等奖。

育种者简介：陈斌龙，浙江磐安县人，大学本科，高级农艺师，系金华市中药材专业首席专家、浙江省农业学术和技术带头人（第二层次）和金华市第六批专业技术拔尖人才，现任职于磐安县中药材研究所，主要从事中药材选育（引进）和栽培技术研究推广工作，主持和参加育成的药材品种有浙胡 1 号、浙芍 1 号和浙贝 1 号。

浙贝 1 号

浙贝 1 号，系磐安县中药材研究所和鄞州区农林局合作育成的狭叶型浙贝母品种。该品种以传统农家品种为基础材料，经系统选育而成，于 2007 年 2 月通过浙江省非主要农作物品种认定委员会的认定（认定号：浙认药 2007001）。

1. 产量表现

1991—1992 年磐安县在新渥镇和冷水镇品比试验，平均亩产达 314.21 千克和 297.81 千克，比对照东贝分别增 56.07％和 42.04％。同期，组织大田试种，平均亩产 303.34 千克，比对照东贝增 49.34％。

2. 特征特性

直立茎，株高 50～70 厘米，茎秆圆柱形、中空，茎粗 0.6～0.7 厘米，主茎侧生二秆。主茎总叶数 40～45 片，二秆叶数 16～27 片；叶片蓝绿色、披针形，单叶、全缘、平行脉，长 8～10 厘米，宽 0.65～0.9 厘米，无叶柄，抱茎着生，多数对生，少数轮生，上部互生，厚覆腊质。鳞茎黄白色、扁球形，盘底内凹，直径 3～6 厘米，单个重 30 克左右；鳞片肥厚、呈元宝形，以 2 片为多、偶有 3 片，贝心突出，中心部有 2～3 个苞片。总状花序，花数 5～9 朵，花梗长 1～2 厘米，顶生花轮生苞片 3～4 枚；侧生花轮生苞片 2 枚，苞片倒钟状、淡黄色或黄绿色；花被 6 片，卵形，二轮排列，有棕色方格状斑纹；雄蕊 6 枚，花蕊肾形，子房上位，3 室，雌蕊柱头高于花药，柱头三裂。蒴果棕黄色、卵圆形，直径 2～3 厘米，6 棱，具 6 枚宽翅，成熟时裂背。种子扁平、近圆形，边缘为薄膜状的翼翅，淡棕色。据检测，贝母甲素和贝母乙素含量达 0.107％。较抗灰霉病和黑斑病，种贝越夏烂贝率低。

全生育期 221 天左右，即当年 10 月 1 日前后下种；竖年 2 月出苗、3～4 月开花、4～5 月坐果、5 月上旬枯苗成熟。枯苗后至 9 月为种贝休眠期。

3. 栽培技术

(1) 选地整畦。 选择浅山的山腰、山脚或山坡台地及沿山溪涧的平坦冲积地种植。精细整畦，一般要求畦面宽 1.5 米；畦沟深 0.3 米、宽 0.3 米，做到畦面平整、泥细土松和能灌易排、雨止地干。

（2）选种下种。 鲜茎作种，采取分档选种分级下种，即选择土贝（第一档：20～30 只/千克以下，直径 5 厘米/只以上）、小三号（第四档：50～60 只/千克左右，直径 3 厘米/只）和扎货（第五档：较小和破碎的鳞茎）作大田用种；二号头（第二档：30～40 只/千克左右，直径 4～5 厘米/只）和大三号（第三档：40～50 只/千克左右，直径 3～4 厘米/只）供留种田用种。

以秋分到寒露（9 月中旬至 10 月上旬）期间下种最适宜，最迟不得超过霜降。埋种做到入土深浅一致、平放、正面朝上。每亩种植密度和用种量：二号贝，株距 16 厘米×行距 20 厘米，用种 400～450 千克；大三号贝，株距 14 厘米×行距 18 厘米，用种 350～400 千克；小三号贝，株距 13 厘米×行距 16 厘米，用种 250～350 千克。

（3）施肥除草。 冬至前后，每亩施猪牛粪 250 千克、尿素 10 千克、复合肥 7.5 千克。施用方法：在畦面采浅沟埋施尿素和复合肥后，覆盖猪牛粪。立春后 5 天（2 月 9～10 日），每亩施尿素 5～7.5 千克；春分前后（3 月 20 日左右），每亩施复合肥 2.5 千克、尿素 5 千克，要求在露水干后作畦面撒施。此后，看苗酌情追肥。

出苗前（冬至～立春），每亩用丁草胺 0.2 千克、草甘磷 0.6 千克对水 50 千克进行畦面喷施，一般能有效控制草害，若继续出现草害须作人工除草。

（4）摘花打顶。 当植株上第一朵花开放（春分前后 3 天），即摘除花序、摘除顶端 7～10 厘米处的花穗，以避免因开花结籽而消耗养分。

（5）防治病虫。 主要病虫害有灰霉病、黄萎病、黑斑病、炭疽病和金龟子等。对病害在采取烧毁病秆、轮作、防渍和增施磷钾肥、控制氮肥等农业措施的基础上，做好药剂防治工作。下种前，配制 50%多菌灵 500～1 000 倍液浸种 30 分钟；3 月下旬，每亩用 50%多菌灵 0.5 千克对水 50 千克喷施于植株，每隔 7 天喷一次，共喷三次。对虫害在做好水旱轮作和人工捕杀幼虫的同时，每亩用 90％结晶敌百虫 0.5 千克对水进行泼浇防治。

(6) 加工及留种。到 5 月上、中旬进入鲜贝母的采收季节，一般采用石灰加工商品贝母。加工方法：将采收的鲜贝母在"摇篮"里相互摩擦后，拌入约 4％的石灰或贝壳粉（占鲜贝母重）推摇 15 分钟，堆放一个晚上，并于次日起放太阳下晒 3～6 天，当含水达 30％～40％后装入麻袋堆放 1～2 天，然后，翻晒 1～2 天至全干。

留种。利用成熟贝母的休眠期作田间留种，留种田的管理上重点是做好越夏遮阳工作，一般采取在留种田套（间）种大豆、花生、蔬菜、玉米或棉花等作物即可。

技术评价及推广成果：浙贝 1 号产量高、抗性强、药用有效成分高，目前，在浙江省内宁波、金华、杭州、丽水等地均有种植，主要分布于磐安、鄞州、象山、东阳、永康和缙云，是浙贝母的主栽品种之一。

育种简介：潘兰兰，浙江磐安县人，大学本科，副主任中药师，执业药师，现任职于磐安县中药材研究所，主要从事浙江本地药材生产与科研，尤其对浙贝母有较深的研究。

浙 芍 1 号

浙芍 1 号，系东阳市农业局和磐安县中药材办公室以从地方品种大红袍（本地种）中经系统选育而成的芍药新品种，于 2007 年 2 月通过浙江省非主要农作物品种认定委员会的认定（认定号：浙认药 2007003）。

1. 产量表现

2004 年多点品比试验，平均亩产 263.5 千克，居首位，比参试品种均产 208 千克增 26％。2005 年多点大区试种，平均亩产 265 千克，比当地生产用种（未经提纯的混合种群）亩产 187

千克增 41.7%。

2. 特征特性

多年生草本植物，株高 60～70 厘米，茎秆绿色，茎秆上部分枝，分枝以下的叶片为 2 回 3 出复叶；分枝以上叶片多为单生，宽披针形，叶缘细齿状，叶色淡绿。托叶 5 片、宽披针形。萼片 5 个、绿色，花瓣 3 层、10～14 片，雄蕊金黄色、球状密生；子房 3 瓣角形、淡绿色。主茎先开花、花红色，成熟时果实裂开，种子黑褐色、结实率低。芍药苷含量为 2.87%。较耐肥，抗锈病和灰霉病，中抗红斑病。地上部分年生长，一般年生育期 150 天左右，3 月上旬出苗，4 月下旬盛花，花期约 10 天。

3. 栽培技术

（1）择地种植。要求选择在泥层深厚且肥沃，排水通畅、不渍水的地（田）块种植，尤以砂质壤土为佳。一般在 9～11 月栽种，种植密度为行距 50 厘米×株距 40 厘米，穴栽 2 根苗，每亩栽种 5 000～5 500 株。栽后及时覆土整理垄面。

（2）肥水管理。每年在苗期、终花期和修剪期分别施肥一次，每亩每次施用三元复合肥 20～30 千克。并注意及时做好清沟排水、防止渍水。

（3）防治病虫、草害。主要病虫有锈病、红斑病、灰霉病和地老虎等地下害虫。红斑病发病初期，可用多菌灵、百菌清等农药防治 2～3 次。栽培上还要及时做好中耕除草工作。

（4）亮根修剪。要求在栽种后第二年和第三年的冬季（11月份）进行亮根修剪作业。即在植株距地 5～6 厘米处剪除枝叶，扒开土层露出根部后，剪掉主根上的须根、留好全根芽头和剪下带芽新根留作种苗，然后施肥、覆土及清沟起垄。

（5）种苗繁殖。一般采取芍头繁殖或芍栽繁殖。芍头繁殖：将芍头（切除根系的带芽根茎）于 9～11 月栽种，过二年后起挖，切取带芽新根（芍栽）作种苗。芍栽繁殖：把亮根修剪或采收芍药中切取的带芽新根直接作种苗。

技术评价及推广成果：浙芍1号丰产性好、品质优、抗锈病和灰霉病，是北京同仁堂指定的药用原料之一。据磐安、东阳等地调查，浙芍1号栽培面积占同类药材的70％以上，成为浙江杭白芍的主栽品种。

育种者简介：吴晓明，浙江东阳市人，大学本科，高级农艺师，现任职于东阳市农技推广总站，主要从事粮油及特色作物新技术的引进、试验及推广工作。

金　球　桂

金球桂〔Osmanthus fragrans（Thunbergii grouq）cv'Jin Qiu Gui，属金桂种群〕，系以诱导变异技术选育而成的金桂新品种。2004年，通过国家林木品种审定委员会的审定（审定号：国 S‐SV‐OF‐018‐2004）。

1. 特征特性

树冠呈圆球形，大枝挺拔，小枝伸展方向不一，树枝相当紧密，树形丰满美观。树皮青灰或暗灰色，皮孔稀疏、呈椭圆形，隆起不明显，浅棕红色，每标准样方有4～5个。叶片对生，偶见有放射状3叶轮生。叶革质，有光泽。嫩叶紫红色，渐转淡绿色，成年叶深绿色。叶片呈椭圆至长椭圆形，叶面光滑、不平整，有光泽，叶背面淡绿色，偶呈泛青白光泽。长11.6厘米、宽4.2厘米，长宽比2.8。一般具侧脉7～11对，侧脉与网脉均较明显。叶正面叶脉较平、背面叶脉明显。叶缘稀锯齿或无齿，叶缘基本全绿，波状起状一般，反曲明显。叶尖短尖或长尖。叶基锲形。叶柄黄绿色，较粗壮，长12～19毫米。

金球桂发枝力强。每支二年生母枝抽5根一年生新梢（最多9根），且新梢都比较粗壮，又以顶芽抽出的新梢最为粗壮。据测定，新梢平均长31.1厘米，节数9节；有腋芽54枚，其中5芽和4芽叠生率高达72％，偶有6芽叠生现象。一般金桂品种5

芽叠生极为罕见、4 芽叠生仅 25%，故金球桂的花多、花密的特点甚为突出。

一般全年开花二次，即第一次在 9 月 8 日左右，花期为 7～9 天；第二次于 9 月 27～10 月 1 日，花期 8～11 天。花金黄色、浓香，若遇天气晴朗、气温夜低昼高，开花更为茂密；香味更为浓烈，可飘香数里之外。但特殊年份也有开花三次。

2. 栽培技术

（1）种苗繁殖。目前，繁殖金球桂种苗以扦插和嫁接为主。嫁接苗主根明显，生长快，开花早，一般嫁接第二年可部分开花、第四年能普遍开花；金球桂比其他桂花品种扦插难度大，扦插苗成活率低。因此，扦插成本较高。但仍然是主要的繁殖方式之一。其主要技术环节：

1）苗床准备：要求选择背风向阳、地势平坦、排水良好的地块制作苗床，采用生黄土作床土，做成宽 100 厘米、厚 5 厘米的扦插苗床。然后，用 50%多菌灵可湿性粉剂 800～1 000 倍溶液或 1%～2%福尔马林液进行苗床消毒，消毒后盖地膜封闭床面待用。

2）扦插技巧：A、适期扦插：由于各地的落叶期不同，故扦插适期也不一致。一般江南地区以 5 月底至 6 月中、下旬为扦插适期；B、选择种条：要选择无病虫害、无机械损伤，且直径 3～10 毫米的当年生健壮萌条和枝条作种条；C、插穗处理：选择木质化程度较高的种条中下部制作插穗，将插穗剪成 5～7 厘米长，上部离芽 1 厘米处平剪，下部剪成斜面。然后，以 50～100 个插穗为一捆，放进生根粉 ABT1 号 50×10^6 溶液处理 10～12 天，或用 γ-萘乙酸 50×10^6 的溶液处理 2 天，拿出晾干后即可扦插；D、扦插密度和方法：一般要求株行距为 10 厘米×10 厘米，每平方米约扦插 100 株。扦插时不用揭除地膜，隔着地膜下插并压实，深度为 2～3 厘米。

3）苗床管理：苗床的日常管理主要抓及时防除病虫草害和

去蘖抹芽工作。当插穗抽枝发芽后，保留顶部 3～4 个芽，其余全部抹除，以保证营养的集中供给；当枝条长达 10 厘米左右，插穗已形成良好根系，要及时追施薄肥促进植株形成良好的树形。

(2) 择地栽培与管理。金球桂在我国黄河流域以南地区均可栽培，其中长江流域为最适宜种植区域；黄河以北地区可作盆栽，但不能作地栽。栽培地选择，要求海拔高度长江流域 500 米以下、华南地区可在 800 米以下；土壤及环境条件为土层深厚、约 60 厘米，常年地下水位不小于 50 厘米，土壤酸碱度（pH）5.5～6.5、最高不超过 7.2，且背风向阳、光照充足。

金球桂的主要病害为炭疽病，可采取以下防治措施：A、将病枝在病部以下 2 厘米处摘除，集中烧毁；B、培育树势，注意做好排水和防止偏施氮肥；C、新梢抽出后，选用 50％退菌特500～700 倍液或 1∶1∶50 波尔多液防治 2～3 次。

*技术评价及推广成果：*桂花香气清新，不冲脑，具有杀毒、灭菌功能，是天然的空气净化剂、城乡绿化工程的主要花卉品种。每当金秋盛花季节，金球桂满树金黄，花团锦簇，十分壮观，可孤植观赏，可列植园林配景，也可群植成桂花之海洋。

尤其是随着天然香料工业的兴起，桂花成为提炼香料和制造香皂、香水、化妆品及空气净化剂等的主要原料，金球桂以其花量多、香精（桂花浸膏）含量高，成为桂花之佳品。

*育种者简介：*陈启银，金华市金东区人，大学本科，任职于金华市农科院，从事园林花卉和绿化树品种引进（选育）及栽培技术研究与推广工作。

银 边 三 色

银边三色，系金华万盛园艺场以"春之友谊"变异芽为基础材料，经系统选育而成的杜鹃品种，获得"全国第四届杜鹃花展"新品种奖。

1. 特征特性

属常绿灌木，分枝多，枝细而直，叶互生，叶片披针形，叶长3.2厘米，叶宽1.5厘米，叶面淡绿色、沿叶缘为白色，且光照越强白化越明显。总状花序，花顶生或腋生，花重瓣，花径6厘米左右，花瓣呈紫红色、粉底白边色和白底红条点色。生长旺盛，喜凉爽、湿润，忌浓肥，喜微酸性土质。抗逆性强，不怕强光、耐40℃高温和零下5℃低温，金华可作露地栽培。

在金华作庭园盆栽或露地栽培的自然花期为4月3日左右；采取促早栽培，可将花期提前至春节前后。

2. 栽培技术

（1）繁殖种苗。取当年生嫩枝作插穗，带踵掰下，修平毛头，剪去下部叶片，留顶端4～5叶，如枝条过长可截取顶梢。

以"梅汛"前扦插成活率为高，即金华在6月上旬至下旬。扦插前，苗床底部填7～8厘米排水层，再铺上以腐熟锯木屑和珍珠岩配置的基质；扦插时，将插穗作γ-萘乙酸300毫克/千克液或吲哚丁酸200～300毫克/千克液快浸处理，扦插深度为插穗的1/3至1/2；扦插后，及时做好遮阳、喷水，并注意通风降温。如遇高温天气，则要增加喷水次数。

一般30天左右发根，长根后顶部抽梢，如形成花蕾，应予摘除。9月后减少遮阳，促进苗株健壮。10月追施薄肥、下旬上盆栽培。

（2）制土上盆。一般要求盆土结构疏松、肥力高和pH5～6.5。上盆前，要注意选择栽培盆，一般以瓦盆为多，也可用硬塑料盆，且盆体也尽量小，以利于控制浇水量。

（3）栽培管理。浇水，根据季节气候、发育进度和盆土干湿等情况，灵活作业。一般11月后气温下降，需水量减少，可3～5天浇一次；2月下旬后适当增加浇水量；3～6月，抽梢开花，需水量大，晴天每日浇1次，不足时傍晚再补水。"梅汛"连日阴雨，及时侧盆倒水；7～8月盛夏高温，要随干随浇，午间和傍晚要在地面、叶面喷水，以降温增湿；9～10月天气仍热，浇水不能怠慢。

施肥，采取薄肥勤施，常以草汁水、鱼腥水和菜籽饼作肥料。草汁水以嫩草、菜叶等沤制而成，可当水浇；鱼腥水系鱼杂等冲水10倍，密封发酵半年以上，并对水至3‰～5‰浓度施用；菜籽饼也需沤制数月后，对水浇施。大规模生产的盆花，也可用复合肥或缓施肥，一年施1～2次即可。

及时做好摘蕾摘心、剪枝整形、转盆换盆和花期的调控及管理。

技术评价及推广成果：银边三色的育成填补了金华市杜鹃育种的空白，且花色独特、观赏价值高和抗逆性强、适应性广、适用于多种栽培方式，在国内花卉市场享有盛誉，已形成专业化、规模化生产基地，成为金华市悄然兴起的特色产业。

育种者简介：方永根，金华市婺城区人，高中文化，金华市万盛园艺场创办人，专门从事杜鹃新品种新技术的引进（选育）、试验与开发工作，在国内花卉业拥有较高的知名度，获得金华市首届十大杰出农村青年荣誉。

彩叶红露珍

彩叶红露珍，系金华市华锦园艺有限公司以红露珍幼芽经激素诱变处理而育成、观叶和观花结合的茶花品种，适合全国作绿化树种推广种植。

1. 特征特性

灌木植物，树高可达3～4米，树冠圆头形，枝叶密生，树皮灰褐色、光滑无毛。叶片卵形或卵圆形，彩色，革质、有光泽，叶缘有细锯齿。幼叶红色或粉红色略带黄色；成熟叶绿色、边缘呈波纹状黄色（约占叶片表面积30%），色泽亮丽。花单生，着生于叶腋或枝顶，花冠近圆形、直径 5～10 厘米。经遗传性状特异性、稳定性和一致性及抗性鉴定，抗寒性强、能耐≤－10℃低温；抗≥40℃高温和不惧阳光直晒、适合作露地栽培。

属华东山茶种群，一般 11 月始花，翌年 2～3 月盛花、4 月上旬终花，观花期约长达 6 个月。

2. 栽培技术

（1）种苗准备

1）枝插。一般在"梅雨"期，以幼龄母树上部一年生嫩枝作插枝。插枝长 10 厘米左右，剪去下部叶片，保留上部叶片 2～3 枚，顶端留顶芽和侧芽。将插枝插入河沙或砾石介质，深度达枝长的 1/3～2/3。扦插后覆盖草帘遮荫，做好叶面喷水、保持苗床湿度。据经验，采用 50～100 毫克/千克 ABT"生根粉"溶液浸泡枝条 8～12 小时，能提高插枝的成活率。

2）芽插。将一个芽节截成一段，长约 1.5 厘米，保留 1 片绿叶，基部斜剪。然后，将芽段扦插于介质，深度以埋没枝条为度。此法可充分利用枝条，适用于大批量种苗繁殖。

3）嫁接。选用实生苗或山茶树作砧木，于离地 4～5 厘米处截断，对准髓心直切 1.5 厘米深；选 1～2 年生枝条作接穗，接穗上部留绿叶 1～2 片，下部削成楔形。将接穗插入砧木切口，使接穗与砧木的形成层密切吻合，并以塑料带绑紧。

嫁接后，将嫁接苗套上塑料袋、袋底部绑牢，使袋壁形成水珠滴灌于砧木；塑料袋套上包装纸袋，以遮挡阳光，避免直射。

（2）露地栽培

1）择期种植。通常以 11 月上旬至下旬种植为主，采取小苗栽培的也可推迟至翌年 2～3 月种植，以防冻害。

种植地要求微酸性（pH5.5～6）、土质较肥、排水良好。

2）施肥除草。一般要求于花前（10～11 月）和花后（4～5 月），施肥 2～4 次。肥料以复合肥和堆肥为主，适量施用磷肥。施肥方法做到薄施多次、壮苗多施、弱苗少施或不施。

清洁园地能有效控制病虫、增强树势和促进花朵肥大。一般全年需中耕除草6～7次。

3）修剪摘蕾。一般树冠发育均匀的植株，仅剪除病虫枝、过密枝、弱枝和徒长枝；新植苗作适度修剪，促进成活。摘蕾，每条花枝留花蕾1～3个，并保持适当间距，将多余花蕾摘除。注意花期及时摘去凋萎花朵，以减少养分消耗。

4）防治病虫。主要病虫害有褐斑病、黄化病、寄生苔藓、红蜘蛛、介壳虫类、刺蛾和蔷薇叶蜂。一般采用综合措施防治。褐斑病：用波尔多液于春季萌发前作初次喷洒，此后，每间隔半个月喷洒一次，并做好排水、追肥和清除病叶；黄化病：采用硫酸亚铁或硫酸镁溶液作防治；红蜘蛛和介壳虫类：以喷施松脂合剂和勤通风进行防治；刺蛾类和蔷薇叶蜂：可用40%氧化乐果400～155倍液或80%敌敌畏乳油1 000～1 200倍液喷治。

（3）盆景栽培

1）择盆制土。栽培盆以选用泥瓦盆为佳，并根据种苗大小确定栽培盆口径，即苗高40～50厘米、冠幅20～25厘米植株，栽培盆口径为20厘米左右；其他规格，依此类推。商品盆景可套用紫砂盆，以提高观赏价值。

盆土要求微酸性、肥沃和疏松，可以混合土作盆土，混合土的配比为：菜园土50%～60%、松叶腐殖土30%、河砂10%～20%。

2）选好种苗。要求选择生长健壮、无病虫和主干挺直、单干无分枝、树冠优美及叶片嫩绿的植株作种苗。

3）浇水管理。当天，将新植苗浇透水以后，要求在2个月内做到勤浇水，以保持盆土湿润。此后，按常规管理浇水，即春季多浇水、满足发芽抽梢供水；夏季要早晚浇水，注意防止多雨积水；秋季少雨易旱需及时浇水；冬季宜晴天中午浇水，以防止冻害。

4）调节花期。据经验，一般作低温处理能延迟1个月开花，即将作防寒处理的植株放进 2～3℃低温库；采取重施肥和激素处理，可提前到 9 月下旬至 11 月开花。方法是：在春季终花并形成秋季花芽后，追施重肥，促使嫩枝充实成熟；7 月中旬至 8 月初，用 500～1 000 毫克/千克赤霉素涂抹花蕾，每 3 天一次，并注意满足肥水条件；9 月后，追加涂抹赤霉素，要根据花蕾肥大的情况，确定具体的使用浓度与次数，并辅以喷水追肥。

技术评价及推广成果：经国家林业局和浙江省科技厅组织鉴定，彩叶红露珍作为观叶观花相结合的茶花品种，具有形美、抗性强、生长量大等特点，且适合露地栽培，可作为绿化树种向全国推广。在茶花观叶品种的选育和研究内容、技术及成果方面已达到国内领先水平。

目前，彩叶红露珍在国家级星火计划项目和省、市科技成果转化项目的扶持下，积极实施产业化开发战略，做大产业，做优品牌。

获得全国第六届花卉博览会科技成果奖；全国第五届茶花展览会科技进步奖、新品种奖；浙江省科技兴林奖和金华市科技进步奖。

育种者简介：何胜军，金华市婺城区人，大学专科，农艺师，创办了金华市华锦园艺有限公司，从事花卉、绿化树新品种的引进（选育）和栽培技术研究以及种苗繁殖、产品开发工作。

获得浙江省青年星火带头人、金华市十大杰出农村青年、婺城区劳动模范和金华市、婺城区科技示范户荣誉以及多项省、市科技进步奖。

东席 1 号

东席 1 号（原名东选 1 号），系东阳市农业局从东阳地方品种中经系统选育而成的席草品种，于 2007 年 2 月通过浙江省非主要农作物品种认定委员会的认定（认定号：浙认草 2007001）。

1. 产量表现

2001—2005年东阳市多点试验（试种），平均亩产776.6千克，比当地大田用种（传统混合种群）增18.7％。其中2001年试验亩产817千克，增20.2％；2002年试验亩产841千克，增15％；2003年试验亩产840.4千克，增14.4％；2004年试种亩产538千克（旱害），增15.7％；2005年试种亩产846.6千克，增28.4％。

2005年东阳市南马镇东湖村和南湖村种植200亩，平均亩产808千克，最高亩产达928.8千克；同年，画水镇溪南村陆中庆户，种植面积1.2亩，平均亩产959千克。

2. 特征特性

属多年生草本植物，直立茎，株高110厘米左右，茎粗壮、直径2.3毫米，圆柱形，浓绿色、基部偏淡；髓心连续、呈白色，茎梢针状，有3～4枚褐色叶状鞘，叶鞘长12.2厘米，柔韧性中等。地下茎匍匐，有粗短节，节长6.6毫米，外被黑褐色鳞片。分蘖力中等，单茎干重0.39克左右，茎长≥70厘米的草茎达50％以上，折干率30％以上。着花少，花朵呈簇生状或聚伞状，雌雄同花；蒴果卵球形、黄褐色，种子淡褐色。耐肥力强，抗病性较好。当年大田生育期250天左右。

3. 栽培技术

(1) 整平田面，施足面肥。 采用旋耕机旋耕耢平后，撒上扒面肥待用。一般扒面肥施15％氮、磷、钾混合复合肥40～50千克或碳酸氢氨40千克、过磷酸钙25千克和氯化钾15千克。

(2) 适期移栽，插足丛数。 一般在10月下旬至11月上旬移栽。种植行株距为20厘米×20～23厘米，每亩插种1.5～1.7万丛。

(3) 浅水勤灌，分次施肥。 移栽后10～12天施苗肥；1月底～2月初施越冬肥；2月底～3月初施分蘖肥；4月以后一般施催长肥3次。

（4）突出重点，防治病虫草。 以控制草害为重点，做好病、虫、杂草的防治工作。一般移栽后 20～25 天作冬季杂草的防治；2 月底～3 月初控制春季草害；4 月上、中旬及时拔除稗草。4 月下旬～5 月下旬抓虫害防治。5 月下旬以后，防治病害二次。

（5）割尖挂网，防止倒伏。 一般 3 月底～4 月初割尖，将植株上部割去、留下部 40 厘米左右。割尖前，每亩施尿素 5 千克左右；4 月底～5 月初挂网，通过割尖挂网防止倒伏，提高席草品质和产量。

4. 留种要点

（1）老桩留种。 一般在 6 月上、中旬留种。留种田，按前轻后重的原则，于 8～10 月间施肥 3 次，以有机肥为主。并注意控制越夏死苗。

（2）秋繁留种。 按秧田与本田 1∶10～15 的比例配置秧田。一般在立秋前后移植，密度 16.5 厘米×16.5 厘米，每丛插秧 10～12 本；移植成活后，做到浅水勤灌，防止高温死苗。其次，采取少量多餐，追肥至移栽前 10 天。

技术评价及推广成果： 东席 1 号的育成填补了金华市席草育种领域的空白。目前，该品种主要分布于东阳市境内的南马、画水、南市和千祥等乡镇，栽培面积达 1 万余亩。

育种者简介： 厉永强，浙江东阳市人，大学本科，高级农艺师，现任职于东阳市农业局，主要从事粮油和特色作物栽培技术的研究与推广，主持和参加了席草、元胡等作物地方传统品种的选育及开发工作。

婺 春 1 号

婺春 1 号，系金华市农科所（院）以 80 - 1070/如皋麻子的 F_2 作母本、C - 17 作父本，经杂交选育而成的春大豆新品种，于 1995 年 6 月通过浙江省农作物品种审定委员会的审定（审定号：

浙农品审字第 135 号）。

1. 产量表现

1990—1991 年衢州市大豆品种区域试验，平均亩产 119.5 千克，比对照矮脚早增 4%。1993 年，参加衢州市大豆品种生产试验，平均亩产 127.4 千克，比对照矮脚早增 35.6%。

据生产调查，一般亩产 130 千克左右。例如，1992 年衢州市杜泽镇连片种植 43 亩，平均亩产 124 千克，其中高产田达 150 千克。

2. 特征特性

该品种株型收敛，株高 50～60 厘米，主茎 10～13 节，分枝 2～3 个，幼苗主茎紫色，叶片卵圆形、绿色、大小中等，紫花，茸毛棕色，有限结荚习性。每株荚数 25～30 个，每荚粒数 2.2～2.5 粒，百粒重 18～22 克，单株粒重 11～13 克。籽粒椭圆型，黄皮褐脐，据吉林省农科院大豆所品质分析，蛋白质含量 41.33%、脂肪含量 20.80%。成熟时荚果褐色，半落叶，不易裂荚。耐寒耐旱，耐肥抗倒，中抗病毒病和霜霉病。

属中熟偏早类型，全生育期 97～99 天，耐迟播、一般可延长到 4 月下旬播种。

3. 栽培技术

（1）**适期播种，间作套种**。金华和衢州地区以"清明"前后 1～2 天播种为宜，选择晴天晒种 1～2 天后，并抓住"冷尾暖头"抢晴播种。播种后，以覆盖地膜为佳，有利于提高出苗率和整齐度。婺春 1 号适合间作套种，但要注意控制共生期，一般大小麦田套种的共生期不超过 30～35 天。

（2）**合理密植，因地栽培**。该品种株型收敛，以主茎结荚为主，栽培上应适当提高种植密度。一般要求行距 33 厘米、穴距 17 厘米，每穴留苗 2 株，每亩基本苗达 2.5 万株左右，即每亩大田播种子 6～7 千克。播种后浅覆土、一般控制 1.5～2.0 厘米，尤以覆盖细砂或焦泥灰为佳。地力水平较高的田块，适当降低种植密度，采取行距 35 厘米、穴距 20 厘米，每穴留苗 2 株，每亩基本苗 2.0 万株左右；较贫瘠的红黄壤丘陵旱地，则要增加留苗基数，即每穴留 3～4 株，每亩基本苗 4 万株左右。

（3）合理施肥，防治病虫。 婺春 1 号需肥量较大，通过增施肥料，尤其是磷、钾肥，能促进稳产高产。一般要求在齐苗期每亩施尿素和氯化钾各 5～7 千克；花荚期，采用尿素或磷酸二氢钾和钼酸铵液作根外追施，能起到保花、增荚、增粒重的作用。

苗期，注意防治鼠害和地下害虫；花荚期要及时防治蚜虫。

（4）中耕除草，防渍防旱。 及时中耕除草能改善土壤通透性、促进根系和根瘤的生长发育，搭好丰产苗架。一般要求中耕二次，即苗高 10～15 厘米一次；开花前结合培土一次。

婺春 1 号生育前期雨水多、光照少，要做好排涝防渍工作；后期，易遇伏旱影响壮荚鼓粒，尤其是花荚期注意及时灌溉，使土壤保持适宜的含水量。

（5）适期收获，科学储晒。 一般以植株半数以上的荚果转黄色为收获适期，收获的豆株晾晒 5～7 天后脱粒、翻晒。切忌直接置于水泥晒场曝晒，以免损伤种子生命力。选留种子的入库含水量必须控制 12% 以下，并采用缸或坛密闭贮藏。

技术评价及推广成果：婺春 1 号的育成填补了金华市春大豆育种的空白，居省内先进水平。该品种适合红黄壤丘陵旱地作多种种植方式栽培，也适合城市郊区作鲜食菜豆种植，主要分布于金华和衢州地区。据资料，1995 年推广应用面积为 3 万亩。

1997 年度获金华市科技进步二等奖。

育种者简介：陈长生，浙江瑞安人，大学本科，高级农艺师，任职于金华市农科所（院），主要从事水稻和豆类作物育种工作（已退休），曾育成早熟晚粳糯品种矮双 2 号；主持"豆类资源开发及新品种选育"和"大豆、蚕豆高产优质新品种选育"课题，育成大豆新品种婺春 1 号。

金 麦 90

金麦90，系金华市农科所（院）以丽麦16作母本、9 - 10 - 8 - 3作父本，经杂交选育而成的小麦品种，于1995年通过浙江省农作物品种审定委员会的审定（审定号：浙品审字第133号）。

1. 产量表现

1992年金华市小麦品种区域试验，平均亩产256.5千克，比对照浙麦1号增26.6%，达极显著水平；1993年续试，平均亩产246.5千克，比对照浙麦1号增27.4%，达极显著水平。同年，参加金华市小麦品种生产试验，平均亩产249.6千克，比对照浙麦1号增15.5%。1992年衢州市小麦品种区域试验，平均亩产200.5千克，比对照浙麦1号增26.3%，达极显著水平。1993年浙江省小麦品种区域试验，平均亩产261.3千克，比对照浙麦2号减0.46%，未达显著水平。

据生产调查，一般亩产250千克以上，高产田可达300千克。

2. 特征特性

属半冬性偏春性品种，幼苗半直立，株型紧凑，株高90厘米左右，茎秆粗壮，蜡粉少，叶片长宽适中、淡绿色。穗长方形，每穗粒数30粒左右，长芒，白壳，红粒，粉质，千粒重35克以上，易脱粒。据检测，含粗蛋白14.12%、湿面筋28.5%，出粉率为85.51%。抗白粉病，中抗赤霉病，耐肥抗倒。在金华、衢州地区栽培，全生育期174天左右，比对照浙麦1号迟熟2天。

3. 栽培技术

（1）适期播种。金麦90，属半冬性偏春性类型，一般在金华以11月5～10日播种为宜。鉴于其分蘖力中等、千粒重较高，故应适当增加播种量，即条播的每亩用种7～8千克；撒播的还可适当提高用种量。

（2）合理施肥。 该品种耐肥抗倒，一般每亩施标准肥2 750～3 000千克，并注意增施磷钾和有机肥。其穗数多少取决于年内苗基数大小，故要求做到施足基肥、早施追肥，促进早发足苗；适施穗粒肥，充分发挥大穗多粒优势。

（3）科学管理。 及时做好清沟排水、防止渍害和清除杂草、控制草荒工作，并重视病虫害的防治。病虫防治的重点是赤霉病，一般每亩用50％多菌灵可湿性粉剂或50％托布津可湿性粉剂50克对水50千克，在始穗时和齐穗后5天内各喷治一次，可有效控制赤霉病的危害。

技术评价及推广应用成果：金麦90丰产性好，品质较佳，抗病性较强，适合于浙江中部丘陵、平原麦区种植，在金华、衢州和丽水等地均有栽培。

1995年度获金华市科技进步三等奖。

育种者简介：见甘栗。

金杂棉3号

金杂棉3号，系婺城区三才农业技术研究所采用转基因技术选育的抗虫杂交棉组合，其母本YH-2以芽黄材料与慈96-6杂交而成；父本GK97-1系从转基因抗虫棉GK12后代中选育定型。

1. 产量表现

2005年浙江省棉花品种区域试验，平均亩产皮棉117.0千克，比对照湘杂棉2号增16.4％，达极显著水平；2006年续试，平均亩产皮棉125.8千克，比对照湘杂棉2号增4.4％，未达显著水平。

据生产调查，一般大田亩产籽棉300千克左右。2005年婺城区蒋堂镇莲塘村洪增土试种1.25亩，平均亩产籽棉285千克、折合皮棉 121.3 千克；2006 年蒋堂镇泽口村吕飞良种植 2.5 亩，平均亩产籽棉 310 千克、折合皮棉 132 千克。

2. 特征特性

该组合植株呈塔型、紧凑，株高 108 厘米，茎秆粗壮、茸毛较少。叶片呈掌状，缺刻较浅，叶色深绿。第一果枝着生部位约 21 厘米，果枝数 18～20 个，单株有效铃 28.9 个。棉铃卵圆型，单铃重 5.3 克，衣分 41.3%，籽指 10.4 克，霜前花率 90.7%，吐絮畅，易采摘。属中熟类型组合，出苗至吐絮 121 天左右。

据农业部棉花品质检验测试中心检测，纤维平均长度 29.0 毫米，断裂比强度 28.0cN/tex，马克隆值 5.1；经萧山棉麻所抗性鉴定，苗期感枯萎病，蕾期抗枯萎病。

3. 栽培技术

(1) 适期播种，合理密植。采取营养钵育苗，一般在 4 月 15 日前后播种，控制苗龄 25～30 天；露地直播的，于 4 月 25 日左右播种。

根据棉田肥力和栽培管理水平确定种植密度，即中等肥力的棉田，每亩种植 1 600 株左右；较高肥力的棉田，可减至 1 400 株；较低肥力且管理粗放的棉田，每亩可增至 1 800 株。

(2) 科学施肥，精细管理。金杂棉 3 号耐肥性较好，可适当提高施肥水平，即每亩施腐熟栏肥 750 千克或饼肥 50 千克、尿素 50～60 千克、磷肥 50 千克、钾肥 25～30 千克。一般要求基肥 40%、花铃肥 40%、盖顶肥 20%，其中有机肥和磷肥作基肥；钾肥以花铃肥施用为主；花铃肥应提前至初花期施用。

切实抓好"梅汛"的排水防渍和"盛夏"的持水抗旱，当棉田病虫发生基数达到防治指标的，应采取药剂防治措施。

(3) 剪枝整型，适度调控。金杂棉 3 号第一果枝着生节位低且角度大，栽培上要求剪除基部果枝 1～2 个，提高结铃部位，以促成集中结铃、增加有效铃数。鉴于其生长较稳健，调控中以不用或少用化学调节剂为宜。

4. 制种要点

制种田周边与其他棉田间隔达 100 米以上，以确保种子纯度；父母本错期播种，先播父本，父母本播差 3～5 天；父母本配置为 1∶8，即每亩种植父本约 280 株、母本 2 000 株左右（中等肥力）或父本约 200 株、母本 1 500 株左右（较高肥力）。父母本相间种植或集中种植均可，将父本作标记，以防混淆；采用容器集中采粉授粉，以提高花粉利用率和授粉质量；制种期间，每天上、下午各一次，由专人作田间逐行逐株检查，对去雄不彻底、损伤或漏花的，需及时摘除；制种结束，及时去除残余花蕾及花朵。

技术评价及推广成果：金杂棉 3 号系金华市育成的首个拥有自主知识产权的抗虫棉杂交组合，丰产性好，抗虫性强，且棉铃大、絮色白、吐絮畅、易采摘，可在全省棉区推广种植。

育种者简介：见金优 987。

玉米类

金华市特色品种选育及其推广应用

浙 单 1 号

浙单 1 号，系东阳玉米研究所以自交系金 131 作母本、自交系威 591 作父本，经杂交配制而成的普通型玉米单交种，其母本金 131 系该所以地方常规品种金皇后为基础材料，经多代自交选择而定型。

1. 产量表现

1974—1976 年多点品比试验（试种），平均亩产 392.5 千克、361.8 千克和 377.8 千克，均比对照鲁单 3 号增 20％以上。

据生产调查，一般大田亩产 350 千克左右。

2. 特征特性

该组合株型较紧凑，株高 190～210 厘米，全株总叶数 19～20 片，叶色深绿，第 14～15 叶叶腋着生果穗，穗位高 70～85 厘米。果穗长筒型，穗长 20 厘米，无秃尖，每穗行数 13.5 行，每行粒数 33.2 粒，单穗籽重 153.5 克，千粒重 347.5 克。子粒黄色、马齿形，出籽率 87.1％，品质较好。苗期长势旺、抗旱性强，抗大、小叶斑病和青枯病。

属早中熟类型组合，在金华、衢州的丘陵、半山区作夏秋玉米栽培出苗至成熟 90 天左右。

3. 栽培技术

（1）适期播种，育苗移栽。 在金华和衢州地区的半山区作夏秋玉米栽培，一般以 7 月 25 日前播种为宜。采取育苗移栽，控制苗龄 6～8 天，于 7 月底移栽。

（2）增穴增株，确保穗数。 浙单 1 号的单株生物量不大，栽培上可适当提高种植密度，一般以每亩种植 4 000～4 500 株为宜。

(3) 合理施肥，科学管理。根据"施足基肥、早施苗肥和重施攻蒲肥"的原则，重点抓好及时追施"攻蒲肥"。据经验，以可见叶 13～14 叶或展开叶 9.5 片追施为佳。栽培管理，及时中耕锄草和培土，适当控制肥水、促根控苗，做好病虫害的防治工作。

4. 制种要点

父母本错期播种，先播父本，父本分批播种，即第一批父本播后 3 天播第二批父本、出苗达 2 叶 1 心播母本；父母本行比 1：4，每亩种植母本 3 200 株、父本 800 株。

制种田安全隔离、即周边 400 米以内或错开"花期"20 天以上无异源花粉；对照亲本典型特征、及时清除田间杂株和劣株。抽雄吐丝期，需及时去除母本雄穗、不留残枝和残花；做好人工辅助授粉。授粉结束后，及时清理父本。

技术评价及推广成果：浙单 1 号丰产性好，品质较佳，且苗势旺、耐旱抗病，特别适合在半山区作春玉米和夏玉米栽培，金华的东阳、磐安；衢州的江山、开化和杭州的淳安、临安等地均广泛种植。

1979 年，获得浙江省科技进步三等奖。

育种者简介：钱铭，浙江富阳市人，大学本科，原任职于东阳玉米所，从事玉米新品种选育及栽培技术的研究工作，育成的普通型杂交玉米组合有浙单 1 号、浙单 2 号、浙单 3 号、浙单 4 号、浙单 5 号、浙单 6 号、浙单 7 号和浙单 8 号。上世纪 70 年代后期，走上党政领导岗位，从事组织、农业、科技管理和担任政府行政领导。

浙单 2 号

浙单 2 号，系东阳玉米研究所以自交系金糯作母本、自交系 330 作父本，经杂交配制而成的普通型玉米单交种。其母本金糯系该所以地方常规品种金皇后与糯玉米的杂交后代，经多代自交选择定型。

1. 产量表现

1976—1978 年多点品比试验（试种），平均亩产分别为405.5 千克、357.3 千克和 426.5 千克，比对照鲁单 3 号增27.3%（3 年均值）。1979 年生产试种 1.73 亩，平均亩产 592.2千克。

据生产调查，一般亩产 350 千克左右。

2. 特征特性

该组合株型较松散，株高 200～236 厘米，全株总叶数 20～21 片，苗期叶色较淡，第 14～15 叶叶腋着生果穗，穗位高 75～99 厘米。果穗长筒型，穗长 21.4 厘米，秃尖较长，每穗行数13.7 行，每行粒数 32.1 粒，单穗籽重 150 克，千粒重 353.7克。籽粒黄白色、马齿形，品质较好，出籽率 86.9%。耐旱性较强，较抗玉米大、小叶斑病和青枯病，苗期长势旺、移栽还苗快。

属中熟类型组合，在金华和衢州作秋玉米栽培出苗至采收95～97 天。

3. 栽培技术

（1）播种移栽。浙单 2 号在金华、衢州一带作秋玉米栽培，要求在大暑前（7 月 22 日）播种。采取育苗移栽，7 月底～8 月初定植本田，控制苗龄 7 天左右。采取大、小行种植，每亩种植密度以 4 000～4 200 株为宜。

（2）肥水管理。一般苗期适当控制肥水，以促根壮苗；拔节后，要早施重施攻蒲肥，以可见叶 14～15 片追施为宜，每亩施尿素 25 千克；抽穗吐丝和灌浆阶段，遇干旱应及时灌水抗旱、增粒增重。

（3）防治病虫草。以地下害虫和玉米螟为重点，做好病虫害防治工作。结合中耕，及时清除田间杂草。

4. 制种要点

父母本错期播种，先播父本，父本分 2 批播种，即第一批父本播后 3 天播第二批父本、出苗至 3 叶 1 心播母本；父母本行比 1：4，每亩种植母本约 3 200 株、父本 800 株左右。

制种田必须具备光照充足、土质肥沃、排灌方便和周边 400 米以内没种植"花期"相同或接近的玉米等条件；重视母本苗期管理，做到促控结合、以促为主；对照亲本典型性状，做好田间去杂去劣。抽雄吐丝期做好母本去雄；授粉期做好人工辅助授粉。授粉结束后，及时清理田间父本。

技术评价及推广成果：浙单 2 号丰产性好，品质较佳，抗旱、抗病性强，且苗势旺、移栽缓苗返青快，适合在半山区作秋玉米栽培，主要在金华、衢州和杭州的玉米产区推广种植。

育种者简介：见浙单 1 号。

浙 单 3 号

浙单 3 号，系东阳玉米研究所以自交系金糯作母本、自交系旅 28 作父本，经杂交配制而成的普通型玉米单交种。其母本金糯系该所以地方常规品种金皇后与糯玉米的杂交后代，经多代自交选择而定型。

1. 产量表现

一般亩产 350 千克左右，高产田可达 500 千克。例如，1978 年东阳县横店公社扬店大队示范 20.86 亩，平均亩产 408.4 千克。

2. 特征特性

该组合株型较松散，株高 200 厘米左右，茎秆粗壮，全株总叶数 20 片，叶色深绿，叶片较狭，穗上部叶叶距较大、叶片斜挺；穗下部叶较平展，通风透光，光能利用率较高。第 13～14 叶叶腋着生果穗，穗位高 61～79 厘米，无空秆株。果穗圆筒型，穗长 15～17 厘米，每穗行数 12～14 行，每行粒数 31.9～34.7 粒，千粒重 220～290 克，单穗籽重 85～133 克。籽粒黄白色、半马齿型，籽粒较大，出籽率达 87%～89%，糯性较好，食味较佳。苗期生长健壮、整齐、清秀，灌浆后期能保持较多绿叶面积，利于干物质积累。耐酸耐湿，抗旱，抗玉米大、小叶斑病和青枯病，不早衰，不倒伏。雄穗分枝较多，花粉量足，雌雄蕊协调、易授粉。

属中熟类型组合，在金华作春玉米栽培出苗至采收 89～100 天；作秋玉米栽培出苗至采收 85～95 天。其播期弹性较大，能早播、早熟。

3. 栽培技术

（1）适期播种。浙单 3 号在金华、衢州地区作春玉米栽培，一般在清明（4 月 5 日）前后播种，采取育苗移栽的控制苗龄 15 天左右；作秋玉米栽培，7 月 25 日左右播种，7 月底定植，控制苗龄 6～8 天。

（2）合理密植。采用大、小行种植，以增丛增苗、确保穗数，每亩种植密度为 4 000～4 300 株。

（3）科学管理。根据"施足基肥、适施苗肥、重施穗肥和补施粒肥"的原则，重点做好早施重施穗肥，一般要求植株可见叶 13～14 片或展开叶 9～10 片追施穗肥，穗肥用量占总施肥量 60% 以上。

及时防治病虫害。苗期，以地老虎、蝼蛄和蛴螬等地下害虫为主；大喇叭口期，重点防治玉米螟。但禁止使用高毒高残效农药。结合中耕，做好培土和清除田间杂草工作。

4. 制种要点

制种可春制或秋制，也可正反配。正配制种，父母本同日播种，但父本需作浸种处理。父母本行比 1∶3 或 1∶4，每亩种植母本 3 000 株、父本 1 000 株或母本 3 200 株、父本 800 株；反配制种，父母本错期播种，先播母本，母本长至 3 叶 1 心至 4 叶播父本。父母本行比 1∶2 或 2∶4，每亩种植母本 2 600 株以上、父本 1 300 株左右。

制种基地要保证安全隔离和无检疫性病害及满足光照、肥水需求；及时去除田间杂株、劣株。抽雄吐丝期，逐日逐株去除母本雄穗、不留残枝和残花；授粉期，做好人工辅助授粉。授粉结束后，及时清理父本。

技术评价及推广成果：浙单 3 号丰产性好，品质佳，抗病耐旱，且熟期适中、耐酸耐湿和前期长势旺、后期不早衰，特别适合在半山区作春玉米和夏秋玉米栽培，金华、衢州和杭州的玉米产区均有大面积种植。

育种者简介：见浙单 1 号。

浙 单 4 号

浙单 4 号，系东阳玉米研究所以自交系壳 A2 作母本、自交系 330 作父本，经杂交配制而成的普通型玉米单交种。其母本壳 A2 系该所以三交种（壳$_{1-1}$×大秋$_{36}$）×A$_{155}$为基础材料，经多代自交选择而定型。

1. 产量表现

1976—1978 年，经多点多熟品比试验（试种），平均亩产 438 千克，变幅 395.5～507.9 千克，比对照旅曲增 17.6%。1979 年作春玉米种植 1.21 亩，平均亩产 325.5 千克；作秋玉米种植 1.53 亩，平均亩产 550.5 千克。

2. 特征特性

该组合株型松散，株高 209 厘米，全株总叶数 20～21 片，叶色深绿，叶片较狭、波曲斜冲，第 14～15 叶叶腋着生果穗，穗位偏高、达 81 厘米。果穗筒型，穗长 17～19 厘米，穗粗 4.7 厘米，穗轴白色，每穗行数 16.9 行，每行粒数 33.7 粒，千粒重 250 克左右，单穗籽重 143.5～154.0 克。籽粒黄色、半马齿型，籽粒饱满，出籽率 86.9%，品质佳。苗期长势旺，抗大、小叶斑病和青枯病，青秆黄熟、享有"壳里老"之誉。

属中熟类型组合，在金华作春玉米栽培出苗至采收 120 天；作秋玉米栽培出苗至采收 87～95 天。

3. 栽培技术

（1）适期播种。浙单 4 号可作春玉米或秋玉米栽培，作春玉米栽培，以覆膜育苗移栽为佳，一般 3 月 15 日前后播种、7 月 20 日左右成熟；作秋玉米栽培，以大暑（7 月 23 日）前后播种为宜，约 10 月底成熟。

（2）合理密植。采用大小行种植，即畦宽 105～120 厘米、双行种植、行距 30～40 厘米，每亩种植密度为 3 600～3 800 株。

（3）科学管理。根据"足施基肥、早施苗肥、巧施秆肥、重施蒲肥和增施磷、钾肥"的原则，重点是施好"攻蒲肥"，一般蒲肥以可见叶 14～15 片追施为佳，蒲肥数量占总施肥量的 60% 以上。

以地老虎和玉米螟为重点，选用对口农药，做好病虫害的防治工作。

4. 制种要点

省内制种以秋制为佳，一般 7 月中旬播种育苗。父母本同期播种，父本分 2 批播种，即母本和第一批父本同日播种、播后 3 天播第二批父本；父母本行比为 1∶3，每亩种植母本 3 000 株、父本 1 000 株。

确保制种田安全隔离和满足肥水、光照条件；对照亲本典型性状，及时清除田间杂株、劣株。抽雄吐丝期，及时做好母本去雄工作；授粉期，做好人工辅助授粉。授粉结束后，及时清除田间父本。

技术评价及推广成果：浙单 4 号产量高、抗性好、品质佳，且熟期适中、青秆黄熟，被誉为"壳里老"，适合在半山区作春玉米或秋玉米栽培，以金华的磐安、东阳；衢州的江山、开化和杭州的淳安、临安等地为种植区域。

1980 年，获浙江省科技进步四等奖。

育种者简介：见浙单 1 号。

浙 单 5 号

浙单 5 号，系东阳玉米研究所以自交系壳 A3 作母本、自交系 330 作父本，经杂交配制而成的普通型玉米单交种。其母本壳 A3 系该所以三交种（壳$_{1-1}$×大秋$_{36}$）×A$_{155}$为基础材料，经多代自交选择定型。

1. 产量表现

1977 年，经金华和衢州多点试种，平均亩产 424.05 千克，变幅 391.0～457.1 千克，比对照旅曲增 7.6%～17.1%。1978 年春季和秋季作多点试种，平均亩产 334.0～402.5 千克，比对照旅曲增 15.2%～23.6%。1979 年东阳玉米所种植 1.16 亩，平均亩产 629.1 千克。

2. 特征特性

该品种株型松散，株高 240 厘米，茎秆粗壮，全株总叶数 20～21 片，幼苗叶色深绿，第 14～15 叶叶腋着生果穗，穗位偏高、达 86～90 厘米，无空秆株。果穗圆筒型、苞叶偏短，穗长 18.2～22.3 厘米，穗粗 4.7～5.13 厘米，穗轴白色，秃尖明显，每穗行数 16.4～17.4 行，每行粒数 35.9 粒，千粒重 253～296 克，单穗籽重 127.5～175 克。籽粒黄色、半马齿型，出籽率 85%，品质较佳。高抗大、小叶斑病和青枯病，青秆黄熟，不早衰。

属中熟类型组合，在金华作春玉米栽培出苗至采收 120 天左右；作秋玉米栽培出苗至采收 91～96 天。

3. 栽培技术

(1) 适期播种。 浙单 5 号在金华作春玉米栽培，一般在 3 月底～4月初播种。如育苗移栽，可适当提早播种。作秋玉米栽培，要求在7月22日前播种，以避免遇"秋寒"导致减产、甚至绝收。

（2）合理密植。采取大小行种植，要求畦宽120厘米、双行种植、行间距40厘米，每亩种植密度3 500株左右。

（3）重施穗肥。浙单5号前期以控肥控水、蹲苗促根为主，需肥量不大。但进入喇叭口期后营养生长和生殖生长并进，需肥量猛增，栽培上要早施重施穗肥。一般要求可见叶14～15片追施穗肥，穗肥用量占总用肥量60％以上。

（4）田间管理和病虫防治。参照其他品种。

4. 制种要点

省内制种以秋配为宜，一般7月中旬播种育苗。父母本同期播种，父本分2批播种，即母本和第1批父本同日播种、播后3天播第2批父本；父母本行比1∶3或1∶4，每亩种植母本3 000株、父本1 000株或母本3 200株、父本800株。

制种田安全隔离，避免与其他玉米"串花"，且光照、肥水条件能满足需求；对照父母本典型性状，做好田间去杂去劣。抽雄吐丝期，及时去除母本雄穗；授粉期，做好人工辅助授粉。授粉结束，及时清理田间父本。

技术评价及推广成果：浙单5号丰产性好，品质较佳，高抗大、小叶斑病，苗期长势旺、后期不早衰，适合旱地间作套种或作早稻茬口秋玉米栽培，金华、衢州和杭州的玉米产区均有种植。

育种者简介：见浙单1号。

浙单 6 号

浙单6号，系东阳玉米研究所以自交系壳A1作母本、自交系330作父本，经杂交配制而成的普通型玉米单交种。其母本壳

A1 系该所以三交种（壳$_{1-1}$×大秋$_{36}$）×A$_{155}$为基础材料，经多代自交选择而定型。

1. 产量表现

1978 年全国东南协作区多点试验，平均亩产 432.2 千克，比对照丹玉 6 号增 10.6%；同年，东阳巍屏公社新店大队作秋玉米试种 1.7 亩，平均亩产 462.5 千克。1979 年东阳玉米研究所实验基地作夏玉米种植，平均亩产 425.6 千克，比对照丹玉 6 号增 5.1%。同年，作秋玉米种植，平均亩产 453.9 千克，比对照旅曲增 11.1%。

据大田调查，一般亩产 400 千克左右，高产田可达 500 千克以上。

2. 特征特性

该组合株型较紧凑，株高 220 厘米左右，茎秆粗壮，全株总叶数 19 片，叶片宽而挺，第 12～13 叶叶腋着生果穗，穗位高88～90 厘米。果穗圆锥型，穗长 18.5 厘米，穗粗 5.25 厘米，每穗行数 18.3 行，每行粒数 32.3 粒，千粒重 256 克，单穗籽重140～155 克。籽粒黄色、半马齿型，穗轴较粗、白色，出籽率82.5%（秋播）～86.7%（夏播）。雄穗发达，花粉量多。作春、夏玉米栽培少见空秆株，但作秋玉米栽培多有空秆株，空秆率高的年份可达 20%以上。

属中熟类型组合，在金华作春玉米栽培出苗至采收 120 天左右；作夏玉米栽培出苗至采收 90～93 天；作秋玉米栽培出苗至采收 94～98 天。

3. 栽培技术

（1）择季栽培。浙单 6 号作秋玉米栽培易发生空秆株，为此，一般要求在半山区和山区以作春玉米或夏玉米栽培为佳。

（2）合理密植。该组合株型紧凑，单株生物量不大，可适当提高种植密度。一般要求畦宽 120 厘米、双行种植、行间距 40厘米，每亩种植密度为 3 500 株左右。

（3）科学管理。苗期抓"蹲苗"，适当控制肥水、促根壮株；拔节后，当植株可见叶达 12～13 片追施攻蒲肥，每亩施速效氮肥（折合纯氮）9 千克左右。在此基础上，及时中耕培土和清除田间杂草，以地下害虫和玉米螟为重点，做好病虫害防治工作。

4. 制种要点

省内制种以秋配为好，一般 7 月中旬播种育苗。父母本同期播种，父本分 2 批播种，即母本和第 1 批父本同日播种、播后 3 天播第 2 批父本；父母本行比为 1：3，每亩种植母本 3 000 株、父本 1 000 株。

确保制种田安全隔离和光照、肥水的供给；对照父母本的典型特征，做好田间去杂去劣。抽雄吐丝期，及时清除母本雄穗；授粉期，做好人工辅助授粉。授粉结束后，及时清理田间父本。

技术评价及推广成果：浙单 6 号丰产性好，抗倒性强，但作秋玉米栽培常出现空秆株，一般适合半山区和山区作春玉米或夏玉米栽培。主要在金华的东阳、磐安；衢州的江山、开化和杭州的淳安、临安等玉米产区种植。

育种者简介：见浙单 1 号。

浙 单 7 号

浙单 7 号，系东阳玉米研究所以自交系壳 A_1 作母本、自交系旅 9 宽作父本，经杂交配制而成的普通型玉米单交种。其母本壳 A_1 系该所以三交种（壳$_{1-1}$×大秋$_{36}$）×A_{155} 为基础材料，经多代自交选择而定型。

1. 产量表现

1979 年金华、衢州多点试种，春玉米，平均亩产 560 千克；夏玉米，平均亩产 395.4 千克；秋玉米，平均亩产 420.7 千克，其中 1.12 亩平均亩产 504.1 千克。

据生产调查，一般亩产 400 千克，高产田可达 500 千克以上。

2. 特征特性

该组合株型较松散，株高 210～250 厘米，茎秆粗壮，全株总叶数 20～21 片，叶片宽而挺，但幼苗期（5～6 叶前）叶狭、茎细，叶色淡绿，第 13～14 叶叶腋着生果穗，穗位 76.5～105 厘米。果穗短锥型，穗长 15.9～16.1 厘米，穗粗 5.4～5.5 厘米。每穗行数 21.4 行、多的可达 34 行，每行粒数 32.8 粒，千粒重 225 克左右，单穗籽重 120～155 克。籽粒黄色、马齿型，穗轴红色，出籽率 77.7%～85.7%。秋季栽培易感病。雄穗发达，盛花期与果穗吐丝吻合。

属中熟偏迟类型组合，在金华作春玉米栽培出苗至采收 125 天；作夏玉米栽培出苗至采收 90 天；作秋玉米栽培出苗至采收 92～98 天。

3. 栽培技术

(1) 择地栽培。 浙单 7 号植株高大、粗壮，耐肥性好，要求种植地肥力达中等以上为宜。鉴于其作秋玉米栽培易感病，一般要求在山区和半山区作春玉米或夏玉米种植。

(2) 合理密度。 因植株个体偏大，可适当降低种植密度，以利于改善田间通透性、增加同化物、减轻病虫害。一般每亩种植密度以 3 000～3 200 株为宜。

(3) 科学管理。 浙单 7 号苗期生长偏弱，栽培上要做到早施肥、早中耕和清除田间杂草，促进旺根壮株。拔节后，要早施重施攻蒲肥，一般在可见叶 13～14 叶追施蒲肥，蒲肥用量占总施肥量 60% 以上。以地下害虫和玉米螟为重点，及时防治病虫害。

4. 制种要点

本地制种以秋配为佳，一般 7 月中旬播种育苗。父母本错期播种，先播母本，母本出苗至 2 叶 1 心播父本。父本分 2 批播种，第 1 批父本播后 3 天播第 2 批父本；父母本行比 1：2～3，每亩种植母本 2 600～3 000 株、父本 1 000～1 300 株。

落实隔离措施，防止"串花"混杂。对照亲本典型性状，做好田间去杂去劣。抽雄吐丝期做好母本去雄、不留残枝和残花；授粉期，做好人工辅助授粉。授粉结束后，及时清理田间父本。

技术评价及推广成果：浙单 7 号丰产性好，抗倒性强，熟期适中，但作秋玉米栽培易感病，一般适合在山区和半山区作春玉米或秋玉米栽培，浙江省内主要分布在金华、衢州和杭州的玉米产区。

育种者简介：见浙单 1 号。

浙单 8 号

浙单 8 号（又名壳黄），系东阳玉米研究所以自交系壳大11313 作母本、自交系黄早四作父本，经杂交配制而成的普通型玉米单交种。其母本壳大 11313 系该所以单交种（壳$_{1-1}$×大秋$_{36}$）为基础材料，经多代自交选育而成。

1. 产量表现

1979 年东阳多点试种，平均亩产 550.3 千克，变幅 498.2～602.4 千克，比对照旅曲增 2.68%～11.92%。1980 年东阳玉米所试验基地种植 5.5 亩，平均亩产 515.2 千克；同年，江山县江郎公社江郎 2 队试种 2.4 亩，平均亩产 350.2 千克。1981 年东阳玉米所河头新垦沙滩地种植 12 亩，平均亩产 378.6 千克。

据生产调查，一般亩产 350 千克左右，高产田可达 500 千克以上。

2. 特征特性

该组合株型紧凑，株高 210 厘米左右，茎秆粗壮，全株总叶数 20 片，穗上部叶较挺，第 14 叶叶腋着生果穗，穗位较低、整齐。果穗锥型，穗长 15 厘米，穗粗 5 厘米，每穗行数 16～18 行，每行粒数 28 粒，千粒重 279.4 克，单穗籽重 135 克。籽粒浅黄色、半马齿型，出籽率高。幼苗期生长较缓，到 6 叶后长势转旺,且灌浆速度快。耐旱,抗倒,抗病。

属早熟类型组合,在金华作秋玉米栽培出苗至采收 85～90 天。

3. 栽培技术

(1) 适期播种。 一般以 7 月 25 日前后播种为宜,最晚不得迟于 7 月底,以确保安全齐穗、丰产丰收。

(2) 合理密植。 浙单 8 号株型紧凑,株高适中,可适当提高种植密度。种植时,采取大小行种植,缩小株距、增加丛数,每亩种植密度达 4 200 株左右。

(3) 肥水管理。 该组合苗期生长较缓慢,肥水管理要促控结合、以促为主;到喇叭口期,要早施重施穗肥。一般要求在可见叶 14～15 片追施穗肥,每亩施速效氮肥约 10 千克,穗肥用量占总肥量 60% 左右。

(4) 防治病虫草。 以蝼蛄、蛴螬和地老虎等地下害虫和玉米螟为重点,选择对口农药,及时防治病虫害。同时,结合中耕,及时清除田间杂草。

4. 制种要点

省内制种以秋制为宜。父母本错期播种,先播母本,母本出苗达 3 叶或 3 叶 1 心播父本。父本分 2 批播种,第一批父本播后 3 天播第二批父本;父母本行比为 1∶4,每亩种植母本约 3 200 株、父本 800 株左右。

制种田集中连片、周边 400 米以内没种植其他玉米或错开"花期" 20 天以上;对照父母本典型特征,及时清除田间杂株和劣株。抽穗吐丝期,逐日分批清除母本雄穗;授粉期,做好人工辅助授粉。授粉结束后,及时割除田间父本。

*技术评价及推广成果:*浙单 8 号丰产性好、抗逆性强,且生育期较短,特别适合山区和半山区作秋玉米栽培,金华、衢州、杭州、丽水和温州等地均广为种植。

*育种者简介:*见浙单 1 号。

浙 单 9 号

浙单9号，系东阳玉米研究所以自交系齐302作母本、自交系E28作父本，经杂交配制而成的普通型玉米单交种。于1994年通过浙江省农作物品种审定委员会的审定（审定号：浙品审字第119号）。

1. 产量表现

1989年金华市秋玉米品种区域试验，平均亩产346.7千克，比对照丹玉13增12.31%，达极显著水平；1990年续试，平均亩产355.5千克，比对照丹玉13增16.02%，达极显著水平。1991年浙江省春玉米品种区域试验，平均亩产417.1千克，比对照丹玉13增6.5%，达极显著水平；1992年续试，平均亩产410.0千克，比对照丹玉13增9.75%，达极显著水平。1991年金华市秋玉米品种生产试验，平均亩产429.6千克，比对照丹玉13增12.3%。

据生产调查，一般亩产400千克左右。

2. 特征特性

该组合株型较紧凑，株高220～230厘米，茎粗2.0厘米，全株总叶数19片左右，上部叶片上冲；中、下部叶片平展，叶色深绿，幼苗叶鞘紫色，第14叶叶腋着生果穗，穗位高80～90厘米。果穗长筒型，穗长20厘米，穗粗4.6～5.0厘米，每穗行数14.2行，每行粒数36粒，单穗粒数600粒左右，千粒重280克左右，秃尖轻、一般小于1厘米。籽粒黄色、马齿型，出籽率86.8%。苗期生长健壮、一致，耐寒性强，较抗大、小叶斑病，空秆率小于2%。

属中熟偏迟类型组合，在金华作春玉米栽培全生育期115～120天；作秋玉米栽培全生育期105天左右，即比对照丹玉13晚熟2天。

3. 栽培技术

(1) 适期播种。浙单 9 号属中熟偏迟类型，为做到前期"蹲苗"、促根壮株和后期延长灌浆、增粒增重，不论春玉米还是秋玉米，都提倡适时早播。一般春玉米在 3 月底～4 月初播种、4 月下旬移栽。间作套种的，为避免共生期过长，以 4 月 10～15 日播种为宜；秋玉米在 7 月上旬播种，最晚不能迟于 7 月 20 日（平原）。

该组合种子粒子大，需适当增加用种量，一般每亩播种量（大田）为育苗移栽 1.5 千克、直播不少于 2 千克。

(2) 合理密度。浙单 9 号植株高大，以适当稀植为宜，一般每亩种植密度 2 500～3 400 株，肥力高宜稀，肥力低宜密，中等肥力约 2 800～3 000 株。间作套种的，合理密度能缓解对共生作物的影响程度。

(3) 科学施肥。一般每亩施纯氮不少于 15 千克，增施有机肥和合理配施磷、钾肥。有机肥和磷钾肥作基肥；速效氮肥作追施，追肥分苗肥、秆肥和穗肥，其中苗肥占 15%、秆肥占 25%、穗肥占 60%。穗肥以多数植株可见叶达 15 片施用。

(4) 精细管理。出苗或活棵后，及时中耕松土、做到由浅到深，提高土壤通透性，控制草荒；控制氮肥用量，以控上（茎叶）促下（根系）。结合追施穗肥，做好培土工作，以护根防倒。与此同时，以控制苗期的地下害虫和喇叭口期的玉米螟为重点，做好病虫害的防治工作。

4. 制种要点

省内春制，一般 3 月底前后播种、育苗；秋制以 7 月 5～15 日播种为宜。春制和秋制，父母本均同期播种。父本分 2 批播种，即母本和第一批父本播后 3～5 天播第二批父本。父Ⅰ和父Ⅱ各占 50%。父母本行比 1∶4，每亩种植母本约 3 200 株、父本 800 株左右。有经验的，可适当扩大行比。

制种基地周边 400 米以内没种植同"花期"玉米或错开"花

期"20 天以上。对照亲本典型性状，做好田间去杂去劣。抽雄吐丝期，及时去除母本雄穗、不留残枝和残花；授粉期，做好人工辅助授粉。授粉结束后，及时清除田间父本。

技术评价及推广成果：浙单 9 号丰产性好、抗病性强，且生育期适中、耐寒性强、空秆率低、易种好管，适宜我省作春玉米和秋玉米栽培，以金华、衢州和杭州玉米产区为主要种植区域。

育种者简介：见东糯 3 号。

浙单 10 号

浙单 10 号，系东阳玉米研究所以自交系 478 作母本、自交系双 9 作父本，经杂交配制而成的普通型玉米单交种。其父本双 9 系该所以单交种（E28×336—3）与美国单交种 78646 的双交种为基础材料，经多年多代自交选育定型。

2000 年，该组合通过浙江省农作物品种审定委员会的审定（审定号：浙品审字第 216 号）。

1. 产量表现

1994 年秋玉米东阳、磐安、江山和淳安等地试种，平均亩产 470 千克，比对照丹玉 13 增 10%左右。1997 年浙江省春玉米品种区域试验，平均亩产 415.8 千克，比对照丹玉 13 增 16.1%，达极显著水平；1998 年续试，平均亩产 407.6 千克，比对照丹玉 13 增 11.12%，达极显著水平。同年，参加浙江省玉米品种生产试验，平均亩产 420.5 千克，比对照丹玉 13 增 11.14%。

据生产调查，一般亩产 450 千克左右。

2. 特征特性

该组合株型较紧凑，株高 210 厘米，全株总叶数 20～21 片，叶片较狭、深绿色，波曲斜冲，第 14～15 叶叶腋着生果穗，穗位高 85 厘米。果穗圆筒型，穗长 18～20 厘米，穗粗 4.8 厘米，每穗行数 14.6 行，每行粒数 33.5 粒，千粒重 280 克左右，单穗籽重 155～175 克。籽粒黄色、半马齿型，穗轴白色，出籽率 86.8%，籽粒饱满，品质佳。苗期长势旺、整齐清秀，抗大、小叶斑病和青枯病，青壳黄熟、称之"壳里老"。

属中熟偏迟类型组合，在金华作春玉米栽培出苗至采收 120 天左右；作秋玉米栽培出苗至采收 85～95 天。

3. 栽培技术

(1) 适期播种。在金华、衢州作春玉米露地直播栽培，一般 3 月底 4 月初播种。采取育苗移栽，可提前到 3 月中旬播种；作秋玉米栽培，一般 7 月 25 日前后播种、育苗，7 月底移栽，控制苗龄 6～8 天。

(2) 合理密植。浙单 10 号株型较紧凑，可适当提高种植密度。采取大小行种植，即畦宽 105 厘米、双行种植、行间距 40 厘米，每亩种植密度为 3 600～3 800 株。

(3) 科学施肥。根据"足施基肥、适施苗肥、巧施秆肥和重施穗肥"的原则，前期以"蹲苗"为主，控制肥水，促根壮株；拔节后，及时追施穗肥，一般以可见叶 14～15 片追施为宜，穗肥用量占总施肥量 60% 左右。

(4) 其他管理。以苗期的地下害虫、喇叭口期的玉米螟和灌浆期的蚜虫为重点，采取综合措施，及时防治病虫害。同时，及时清除田间杂草和排水防渍，护根保绿。

4. 制种要点

本地制种以秋配为宜。父母本错期播种，先播母本，母本出苗达 2 叶 1 心播父本。父本分 2 批播种，第一批父本播后 3 天播第二批父本；父母本行比为 1∶4，每亩种植母本 3 200 株、父本 800 株左右。

制种基地周边 400 米以内没种植同"花期"玉米或错开"花期" 20 天以上，且光照充足、肥水条件好；对照父母本典型性状，及时清除田间杂株和劣株。抽雄吐丝期，彻底清除母本雄穗、不留残枝和残花；授粉期，做好人工辅助授粉。授粉结束后，需及时清除父本。

技术评价及推广成果：浙单 10 号产量高、品质好、抗病抗倒，前期生长强健、后期青秆黄熟，适合省内作春玉米和秋玉米栽培，以金华、衢州和杭州等地玉米产区为主要种植区域。

育种者简介：蒋炳松，浙江东阳市人，大学本科，先后在基层农技站和东阳县（市）良种场、种子公司及东阳玉米所任职（已退休），长期从事农作物新品种、新技术的引进、试验与推广以及玉米育种工作。

东顶 1 号

东顶 1 号，系原东阳县屏岩公社岭头大队以地方品种磐安白子作母本、自交系自 330 作父本，经杂交配制而成的普通型玉米顶交种。曾为省内玉米产区主栽品种之一。

1. 产量表现

1980 年和 1981 年浙江省玉米品种区域试验，平均亩产 359 千克，比对照旅曲略增产。东阳县湖溪区农技站多年多点品比试验，均比对照旅曲和 7419 分别增 4.8％和 32.8％。嵊县、仙居和江山等地试种，比对照旅曲增 3.3％～9.0％。

据大田调查，一般亩产 300 千克左右，高产田可达 400 千克以上。

2. 特征特性

该组合株型松散，株高 230～240 厘米，茎粗 2 厘米左右，基部节间较长，全株总叶数 21 片，叶片较披垂，叶色中绿，幼苗叶鞘紫色。雄穗大，分枝细长而散开，花粉量多，护颖绿色，花丝绿色。穗位高 95～100 厘米，单株有效穗 1 个，苞叶长而紧，果穗与茎的夹角小。果穗长锥形，穗长 20 厘米左右，穗粗 4.5 厘米左右，轴白色、粗约 3 厘米。每穗行数 14 行，每行粒数 35～40 粒，结实率高，千粒重 270 克左右，单穗粒重 115 克左右。籽粒硬粒型（扁方形），种皮黄白色，出籽率 79% 左右，粉质具黏性、食用口感佳。

东顶 1 号耐瘠、耐后期低温，灌浆速度快、青苞老粒，但耐肥性差，茎秆较细、易倒伏。抗玉米大叶斑病和青枯病，轻感小叶斑病，易感茎腐病。

属中熟类型组合，浙江中部平原作秋玉米栽培，出苗至吐丝 40 天左右、吐丝至成熟 50 天左右，全生育期 95～97 天。

3. 栽培技术

(1) 适时播种。浙江中部平原和丘陵地区作秋玉米栽培，一般要求在 7 月 27 日前播种，以确保安全成熟。

(2) 合理密植。一般每亩种植密度 3 400 株左右。采取育苗移栽，可将种植密度增至 3 800～4 000 株。

(3) 科学管理。东顶 1 号耐肥性差，且茎秆细、易倒伏，为此，栽培上要做到适度控制氮肥、增施磷钾肥和苗期的蹲苗促根，以防止徒长、增强抗倒性。

4. 制种要点

父母本同日播种或父本顶土后播母本。父本分批播种，第一批父本播后 3 天播第二批父本；父母本行比 1∶3，即每亩种植母本 3 000 株、父本 1 000 株左右。

制种田隔离安全、地力中上、能灌能排和光照充足；及时做好田间去杂去劣和去除母本雄穗工作。

技术评价及推广成果：东顶 1 号较耐瘠，耐低温，易种好管，适宜在中低肥力地区栽培。据资料，上世纪 80 年代初，金华市的东阳、磐安、永康和杭州市的淳安均有种植，其中东阳县的播种面积占当地秋玉米面积 20% 以上。

获得浙江省科学技术进步四等奖。

育种者简介：周天华（1927—1993），浙江东阳人，屏岩公社岭头大队（村）农民，1975—1983 年被聘任原东阳县湖溪区农技站杂交玉米辅导员，专门从事杂交玉米制繁种技术辅导工作。

东 单 1 号

东单1号，系东阳县（市）种子公司以自交系东01作母本、自交系自330作父本，经杂交配制而成的普通型玉米单交种。于1986年通过金华市农作物品种审定小组的审定。

1. 产量表现

1980—1983年，东阳县种子公司组织多点品比试验，平均亩产407.9千克，比对照旅曲增22.7%，增幅17.1%～36.8%。

1981年秋季在气候反常的条件下，东单1号仍然获得好收成，例如东阳县南马乡翻身村在"立秋"边种植东单1号22亩，平均亩产380.5千克。1982年东阳县大田抽样调查东单1号25.26亩，平均亩产383.3千克。1983年东阳县和磐安县大田调查东单1号14.18亩，平均亩产387.2千克。

2. 特征特性

该组合株型较松散，株高225厘米左右，茎粗2厘米左右，全株总叶数19片，叶片较窄且长、中绿色，幼苗叶鞘紫色。雄穗大，分枝细长而散开，花粉量多，护颖绿色，花丝绿色。穗位高80～85厘米，单株有效穗1个，苞叶长而紧，果穗与茎的夹角小。果穗长圆柱形，穗长18～20厘米左右，穗粗4.6厘米左右，轴白色、粗约2.7厘米，每穗行数14行，每行粒数35粒左右，千粒重250～300克，结实率高，秃尖轻，籽粒黄白相间、浅马齿形。出籽率84%左右，食用品质佳。

东单1号较耐瘠、耐湿和耐旱，幼苗生长较快，苗龄弹性大，后期灌浆速度快，有"壳里老"之称。其母本东01系采用磐安县农家品种珍珠白经5年9代人工套袋自交后定型的一环系，故对当地气候条件有较强的适应性，适合作夏玉米或秋玉米栽培。田间生长清秀，较抗玉米大叶斑病，轻感玉米小叶斑病。

属中熟类型组合，在浙江中部平原作秋玉米栽培出苗至吐丝52～54 天、吐丝至成熟 42～46 天，全生育期 95～99 天，比对照旅曲早熟 1～3 天。一般在 7 月下旬播种、9 月中旬吐丝、10月底至 11 月初成熟。

3. 栽培技术

(1) 适时播种。 东单 1 号在东阳、磐安作秋玉米栽培，播种期应卡死在 7 月 26 日前，以确保安全成熟。东单 1 号的主要缺点是植株和穗位偏高，制约增产潜力。据试验，东单 1 号植株高度与苗龄长短呈明显的反相关，因此，一般要求苗龄掌握在 10～12 天，适当稀播，有条件的地方可推广营养钵或塘泥方格育苗。

(2) 合理密植。 一般肥力中等田块，每亩种植密度以3 300～3 800 株为宜。采取育苗移栽，可将每亩密度增至4 000株。

(3) 科学管理。 一般亩产 385～400 千克，需标准肥 50～55担，适当增施磷钾肥，以增强抗病性。鉴于苗龄较长，要求做到施好基肥、早施苗肥、猛攻穗肥和适施粒肥。穗肥，数量要足，一般占总施肥量 60% 左右；时间要准，第 14 至 15 可见叶或播种后 30 天左右追施。

及时中耕松土，一般移栽活棵后即行深中耕、追肥，以促进根系生长。此后，根据田间生长情况，可作中耕 2～3 次。

东单 1 号耐旱性较强，一般苗期尽量不灌水或少灌水，以促根控高。但抽雄吐丝阶段遇干旱袭击，需及时灌水抗旱，以促进灌浆结实、增粒增重。

授粉结束后，将"天花"摘除，以利于减轻大风、病虫的伤害及增产增收。

4. 制种要点

东单 1 号，春制，空秆株高达 15% 左右。故以夏制为佳。一般要求 7 月 15 日前播种，以保证安全成熟；父母本同日播种或先播父本、待父本顶土后播母本。父本分 2 批播种，第一批父本（占父本用种 90%）播后 5 天播第二批父本。第 2 批父本单独播种、设置采粉区；父母本行比 1∶7～8，即每亩种植母本 3 500 株、父本 500 株左右。

技术评价及推广成果：东单 1 号耐瘠、耐湿和耐旱，且苗期发苗快、长势旺，适合在山区、半山区作秋玉米种植。据资料，上世纪 80 年代初，曾被金华市的东阳、磐安、永康和杭州市的淳安等地广为推广应用，其中东阳、磐安播种面积占当地秋玉米的 45% 以上。

获得浙江省农业系统科技成果三等奖。

育种者简介：张真，浙江东阳市人，大学专科，高级农艺师，享受国务院政府特殊津贴，曾任职于东阳县种子公司和磐安县种子公司，负责杂交玉米制繁种和新品种引进（选育）、试验及推广工作，参加了东单 1 号的育种并主持试验、示范和推广工作。

获得浙江省农业丰收一等奖、科技三等奖等科技成果 30 余项，发表学术论文 90 多篇，出版专著 5 本。

旅　曲

旅曲，系东阳市虎鹿农科站以自交系旅 28 作母本、自交系曲 43 作父本，经杂交配制而成的普通型玉米单交种。1983 年，该组合通过浙江省农作物品种审定委员会的认定（认定号：浙品认字第 019 号）。

1. 产量表现

1975 年和 1976 年，浙江省玉米品种区域试验，平均亩产 340.3～368 千克，均居参试品种的首位。

据大田调查，一般亩产 350 千克左右，但在足肥足水和栽培技术到位的条件下，单产均在 500 千克以上，高产田可达 600 千克以上。

2. 特征特性

该组合株型较紧凑，株高 215 厘米，茎粗 2 厘米，全株总叶数 18～19 片，叶片中绿色，第 12～13 叶叶腋着生果穗，穗位高 64 厘米。果穗长锥型，穗长 19 厘米，穗粗 4.5 厘米，每穗行数 14.4 行，每行粒数 32.2 粒，穗轴白色、轴粗 2.65 厘米，籽粒马齿型、黄色，千粒重 280 克左右，单穗粒重 130 克左右。耐肥抗倒，耐旱耐湿，抗青枯病，轻感大、小叶斑病。感温性强，秋玉米播种过迟受低温影响易秃尖或不成熟。

属中熟偏迟类型组合，播种至成熟需有效活动积温 1 473℃，其中播种到抽雄的有效活动积温为 845℃。在金华作春玉米栽培全生育期约 115 天；作秋玉米栽培全生育期 100 天左右。

3. 栽培技术

（1）适时播种，育苗移植。 在金华作春玉米栽培，一般 3 月下旬播种，采取育苗移栽，到 7 月中旬成熟。作秋玉米栽培，要尽量提早播种，金华的丘陵和平原地区，以大暑前（7 月 22 日）育苗或播种为宜，7 月 25 日为最迟播期。

（2）合理密植，增株增穗。 旅曲株型紧凑、茎秆粗壮，可适当提高种植密度。一般每亩种植 3 500～3 800 株为宜；肥水条件好、管理水平高的，可将每亩种植密度提高到 4 000 株以上。

（3）科学用肥，猛攻蒲肥。 该组合幼苗生长稍缓且"胃口大"，需适当增施肥料。一般亩产 350 千克需施纯氮 15 千克，并按氮 1∶磷 0.3∶钾 0.5 比例配施磷、钾肥。做到适施基肥、早施苗肥、猛攻蒲肥和补施粒肥。其中蒲肥"数量要狠"，约占总量 60%～70%；"时间要准"，可以"叶龄为主、参考天数"来确定，即可见叶 14～15 片（雌穗小花分化期）、播后 30～32 天（夏秋玉米）追施。

（4）精细管理，确保丰收。 鉴于旅曲幼苗生长较为缓慢，栽培管理要重点抓苗期的早管和细管，一般要求移植或出土后 7～

10 天即中耕追肥，做到"头遍深，二遍、三遍勿伤根"，促进齐苗和壮苗。

天晴地燥、保苗困难，及时灌水扶苗；苗期，多雨天气需做好排水防渍；抽雄后，遇高温干旱及时灌水抗旱；"回须"后，注意清沟培土。在此基础上，做好地下害虫、玉米螟、蚜虫和大叶斑病等的防治工作。

4. 制种要点

制种可春制，也可秋制。春制，采用覆膜保温育苗技术，可在 3 月 10～15 日播种。父母本错期播种，先播母本，母本长至 3 叶 1 心播父本。秋制，以 7 月 15 日前播种为宜，先播母本，母本出苗达 3 叶期播父本；对照亲本典型性状，及时清除田间杂株和劣株。抽雄吐丝期，及时去除母本雄穗、不留残枝和残花；做好人工辅助授粉。授粉后，及时割除父本。

技术评价及推广成果：旅曲株型紧凑，茎秆粗壮，青枝绿叶，且早熟性好、耐肥抗倒、耐湿抗病，适合水稻田作早稻茬口轮作栽培。上世纪 70 年代中、后期，金华、衢州乃至全省均为秋玉米当家组合。

1977 年，获得浙江省科学技术成果奖。

育种者简介：祝乘云，浙江诸暨市人，中专，高级农艺师，任职于东阳市虎鹿农科站、东阳市农技推广中心（已退休）。主要从事杂交玉米新品种的选育（引进）、试验和示范推广工作，育成了旅曲、虎单 5 号等多个普通型玉米杂交组合，曾创造了全省玉米亩产 662.2 千克的最高记录。

虎 单 5 号

虎单 5 号，系东阳市虎鹿农科站以自交系鹿 152 作母本、自交系金糯作父本，经杂交配制而成的普通型玉米单交种。其中自交系鹿 152 为虎鹿农科站育成。

1983 年，该组合通过浙江省农作物品种审定委员会的认定（认定号：浙品认字第 021 号）。

1. 产量表现

一般大田亩产 350 千克，高产田可达 500 千克以上。1979 年东阳县（市）虎鹿公社厦程里八队种植虎单 5 号 26 亩，平均亩产 452.5 千克，其中 4.7 亩平均单产达 532.5 千克。1980 年龙泉县茶丰公社石龙大队种植虎单 5 号 44.1 亩，平均亩产 405.5 千克，其中 5.2 亩平均单产 511.2 千克。

2. 特征特性

该组合株型紧凑，株高 170～180 厘米，茎粗 2.4 厘米，全株总叶数 18～19 片，叶色深绿，第 13 叶叶腋着生果穗，穗位高 58 厘米。果穗柱型、大小均匀，穗长 18 厘米，穗粗 4.81 厘米，每穗行数 13.8 行，籽粒中间型、黄白色，千粒重 310～330 克，穗轴细，出籽率达 89% 以上，品质佳。耐肥抗倒，耐湿、耐旱，抗玉米青枯病和小叶斑病，生长健壮，青秆黄熟。

属中熟类型组合，感温性较强，在金华、衢州作春玉米栽培全生育期 100～110 天；作早稻茬口秋玉米栽培全生育期 95 天左右，表现早播早熟、迟播迟熟。

3. 栽培技术

(1) 适期播种。 虎单 5 号感温性较强，播种至成熟需有效积温 1 422℃。作春玉米栽培，采用覆膜保温育苗技术，在 3 月 25 日至 3 月底播种，4 月上旬抢晴天定植或于 4 月上旬作露地直播；作秋玉米栽培，一般在 7 月 15 日～27 日播种或育苗。

(2) 合理密植。 虎单 5 号植株矮壮、紧凑，结实性好，栽培上可适当提高种植密植，一般每亩种植密度以 4 000 株左右为宜。

(3) 科学用肥。 该组合耐肥性好，可适当提高施肥水平。据经验，一般 350～400 千克亩产需施纯氮 15 千克以上；500 千克以上亩产需施纯氮 20 千克左右，并合理配施磷、钾肥。做到适施基肥、早施苗肥、猛攻蒲肥和补施粒肥。

（4）精细管理。 定植后，栽培管理做到"前促"，保证全苗、匀苗和壮苗；"中控"，控苗、促根、壮秆，防止徒长；后攻，早施重施"攻蒲肥"。在此基础上，采取无公害防治技术，做好地下害虫、大小叶斑病、玉米螟和蚜虫的防治工作。

4. 制种要点

制种可春制秋用，也可秋制。春制，父母本错期播种，先播母本（3月底4月初育苗、4月中旬定植），母本长至2叶1心播父本；秋制，7月底前播种。父母本错期播种，先播母本，母本出苗达2叶1心播父本。父本分2批播种，第一批父本播后5天播第二批父本。父Ⅰ和父Ⅱ比例为8：2，父本集中播种、设置采粉区；父母本行比2：4，即2畦母本1畦父本、株距21～24厘米。

制种田安全隔离、能满足肥水供给。做好田间去杂去劣和母本去雄工作。授粉期做好人工辅助授粉，提高异交结实率。

技术评价及推广成果： 虎单5号植株矮、茎秆粗，耐肥抗倒，且耐湿、耐旱、抗病，适合作旱地间作套种或早稻茬口秋玉米栽培。在浙江南部、北部及沿海地区和上海、江苏、皖南等地均有大面积推广种植。

1977年，获浙江省科学技术成果奖。

育种者简介： 见旅曲。

超 甜 3 号

超甜3号，系东阳玉米研究所以单交种白 $M017sh_2$/旅9宽 sh_2 作母本、自交系 $150sh_2$ 作父本，经杂交配制而成的甜质型（超甜）玉米三交种。2000年4月，通过浙江省农作物品种审定委员会的认定（认定号：浙品认字261号）。

1. 产量表现

1996 年浙江省甜玉米品种多点试验，平均鲜穗亩产 740.5 千克，居首位，比同组参试品种增 32.9%～50.53%；1997 年续试，平均鲜穗亩产 750.7 千克，比同组参试品种增 21.07%～55.32%。据金华市农科所（院）多年栽培试验，鲜穗亩产 732～1 122 千克。

1998 年，兰溪市种植 19.5 亩，平均鲜穗亩产 809 千克，高产田达 1 008 千克。

2. 特征特性

该组合株型较松散，株高 220 厘米，茎秆粗壮，全株总叶数 19 片左右，中部叶片宽大；上部叶片短小较挺，叶片较厚，叶色浓绿，芽鞘和主茎基部叶鞘均为绿色，第 14 叶叶腋着生果穗，穗位高 80 厘米。果穗长筒型，穗长 20～22 厘米，穗粗 5.5 厘米，穗轴白色，每穗行数 14～16 行，每穗粒数 500 粒以上，百粒鲜重 35 克左右，单穗重 250 克，秃尖短。籽粒金黄色、楔形，排列整齐、致密，灌浆饱满，鲜籽含糖量为 16%，煮食香甜、风味好。发芽率和成苗率较高，幼苗生长较缓慢。雄穗发达、分枝多，颖绿色，花药黄色，花粉量足；花丝淡绿色，抽雄吐丝吻合。耐肥抗倒，较抗大叶斑病、小叶斑病和青枯病，易感玉米螟。

属中熟类型组合，在浙江中部平原、丘陵地区作春玉米栽培，一般 3 月底～4 月初播种，6 月下旬鲜穗上市，出苗至鲜穗采收 85～90 天；作秋玉米栽培，7 月底前播种，10 月上旬鲜穗上市，出苗至鲜穗采收 70～75 天。

3. 栽培技术

（1）隔离种植，确保品质。 受隐性皱缩胚乳基因（sh_2）控制之故，当超甜 3 号与普通型、糯质型或甜质型不同遗传背景的品种"串花"，其当代即改变甜质性状。为此，要求隔离种植，以保证鲜穗品质。一般要求超甜 3 号周边 300 米以内不种植其他玉米；或者与相邻玉米的抽雄吐丝期错开 20 天以上。

（2）适期播种，合理密植。 该组合作春玉米栽培，待土温稳定 12℃ 以上始播，一般浙中平原和丘陵地区为 3 月底～4 月初；浙南地区 3 月中旬至 4 月初；浙北地区在 4 月上旬。采取保护地栽培，可提前播种。据经验，覆地膜栽培能提早播期 10 天；小拱棚套地膜栽培能提早播期 20～25 天。作秋玉米栽培，6 月底至 8 月上旬均可播种。

超甜 3 号种子瘦瘪、顶土能力偏弱，以育苗移栽为佳。育苗，做到精播匀播，浅覆土（2 厘米左右）；到 3 叶期前后定植。一般每亩种植密度以 3 200 株左右为宜，如密度过高往往果穗小、秃尖长。

（3）科学管理，防治病虫。 超甜 3 号以鲜穗上市，一般采收比普通玉米早 15～25 天。因此，追施穗肥要提前 2～3 个叶龄（即可见叶为 12 叶）。当肥水条件过分优越时，植株往往出现分蘖和多穗现象，栽培上注意及时清理。分蘖，可结合中耕培土作清理；多穗，一般在吐丝后留上部第 1 个果穗，将其余小穗掰除，以保证果穗的营养供给、提高产量和品质。

该组合抗病性较强，一般不作药剂防治，但易受蝼蛄、蛴螬、地老虎和玉米螟等的危害。据经验，采取直播栽培，以 50% 辛硫磷对水拌种，待出苗后用 50% 辛硫磷 800 倍液浇根；育苗移栽的，移栽时以 50% 辛硫磷药液浇穴，均能有效地控制地下害虫。玉米螟，可在大喇叭口期采用 BT 乳剂或其他低毒低残留药剂对水灌心防治。禁止使用剧毒和高残效农药，以保证鲜穗的食用安全。

（4）适期采收，确保品质。 鲜穗以适期采收为甜度高、种皮薄和风味佳。据经验，果穗花丝干枯呈黑褐色即为采收适期，一般春玉米在吐丝授粉后 18～20 天；秋玉米在吐丝授粉后 22～25 天。

4. 制种要点

浙中地区春制 3 月底～4 月初播种；秋制 7 月 23 日前播

种。父母本错期播种，先播母本，母本出苗后播父本，父本分
2 批播种。父母本行比 1：4，即每亩种植母本 3 200 株、父本
800 株。

制种田安全隔离、肥力中上和能灌易排；对照亲本典型性
状，清除田间杂株和劣株。抽雄吐丝期及时去除母本雄穗，不留
残株、残枝和残花；授粉期做好人工辅助授粉。授粉结束后，及
时割除田间父本。

技术评价及推广成果：超甜 3 号的育成填补了浙江甜质型玉
米育种的空白，并为省内同类作物主栽品种约 10 年之久，且在
江西、福建、上海和江苏等省（市）也广为种植。

育种者简介：郭国锦，浙江东阳市人，大学本科，现任职于
东阳玉米研究所，主要从事玉米育种及高产栽培技术的研究与应
用，育成的玉米品种有超甜 3 号、超甜 4 号、超甜 2018 和浙甜
6 号。

超 甜 4 号

超甜 4 号，系东阳玉米研究所以自交系 A281 作母本、自交
系 G9801 作父本，经杂交配制而成的甜质型玉米单交种。其母
本系以甜玉米华珍为基础材料，经多代自交选育定型；父本源自
甜玉米 SAKATA（日本）的田间自然杂株，经多代自交选择
而成。

2006 年 1 月，该组合通过浙江省农作物品种审定委员会的
审定（审定号：浙审玉 2006003）。

1. 产量表现

2004 年浙江省甜玉米品种区域试验，平均鲜穗亩产 774.4
千克，比对照超甜 3 号增 14.5%；2005 年续试，平均鲜穗亩产
863.9 千克，比对照超甜 3 号增 8.28%。同年，参加浙江省甜玉
米品种生产试验，平均鲜穗亩产 827.9 千克，比对照超甜 3 号

增 4.8%。

据大田调查，一般鲜穗亩产（去苞叶）750～800 千克，高产田可达 900 千克以上。例如，2004 年东阳市城东街道单良村秋玉米种植超甜 4 号 28 亩，平均鲜穗亩产（带苞叶）1 023.5 千克；2005 年东阳市歌山镇下蒋村春玉米种植超甜 4 号 40 亩，平均鲜穗亩产（带苞叶）1 135 千克。

2. 特征特性

该组合株型紧凑，株高 210～225 厘米，全株总叶数 17～18 片，叶片深绿色，幼苗期叶鞘绿色与淡红色各半，第 12～13 叶叶腋着生果穗，穗位高 60～70 厘米。果穗筒型，苞叶较长、有旗叶，穗长 19 厘米，穗粗 4.7 厘米，穗轴白色，每穗行数 12～14 行，每行粒数 35 粒，千粒鲜重 260 克，秃尖轻。籽粒金黄色、有光泽，排列较整齐，含可溶性总糖 8.61%，鲜穗煮食甜度中等、果皮柔嫩、风味佳。种子籽粒较大，出苗快而齐，幼苗长势旺，有分蘖和多穗现象，雄穗发达，花药黄色和淡红色各半，抽雄吐丝期吻合。中抗大叶斑病和茎腐病，轻感小叶斑病，感玉米螟。

属中熟类型组合，在浙江作春玉米栽培出苗至鲜穗采收 92 天；作秋玉米栽培出苗至鲜穗采收 83 天。

3. 栽培技术

(1) 适时播种，隔离种植。作露地春玉米栽培，待地温稳定于 12℃ 以上始播，一般浙中地区为 3 月底～4 初；浙南地区 3 月中旬；浙北地区在 4 月上旬。采用地膜覆盖或小拱棚加地膜栽培，可适当提前播种。作秋玉米栽培，以 8 月 15 日为最迟播种期。注意分期播种分批采收，以避免鲜穗上市过分集中。

在超甜 4 号地块周边 300 米以内不种植其他玉米；或者与相邻玉米错开"花期"15 天以上。

(2) 育苗移栽，合理密植。采取育苗移栽，以确保出苗率和提高幼苗整齐度。育苗，播种后覆土要浅、以厚度 2 厘米为宜，注意控制苗床水分。种植密度，一般要求每亩种植 3 500 株以上。

(3) 合理施肥，科学管理。超甜 4 号较耐肥，幼苗期如肥水施用不当易发生僵苗。因此，栽培上应适当增加施肥量，做到基肥足、苗肥早、穗肥重和增施有机肥、合理配施磷钾肥。

该组合易发生分蘖和多个小穗，栽培上要结合中耕及时清除分蘖，待吐丝后留上部第 1 个果穗、将多余无效小穗掰除。

(4) 防治病虫，适时采收。幼苗期，特别是春玉米易受蝼蛄、地老虎等地下害虫危害，一般在移栽时选用 50% 辛硫磷或乐斯本对水浇根，可控制危害；到大喇叭口期，以 BT 乳剂、敌敌畏或锐劲特等低毒农药对水灌心，以防治玉米螟。禁止使用高毒高残留农药。

超甜 4 号以鲜穗上市销售，采收适期与果穗品质相关甚密，一般以果穗花丝干枯呈黑褐色、顶部籽粒有光泽为采收适期，即春玉米早播田为吐丝后 22～23 天、迟播田吐丝后 20 天；秋玉米早播的在吐丝后 20～22 天、迟播的吐丝后 25～25 天。

4. 制种要点

省内制种以秋制为佳，于 7 月 18～25 日播种。父母本错期播种，先播父本，第一批父本播后 3 天播母本和第二批父本。父母本行比 1∶6，即每亩种植母本 3 500 株、父本 550 株。父本集中种植、设置采粉区。

制种田必须隔离可靠、肥力中上和排灌便利；对照父母本典型性状，去除田间杂株和劣株。抽雄吐丝期，彻底清除母本雄穗；授粉期做好人工辅助授粉，提高制种产量；待母本果穗充分成熟后采收，做到手工脱粒和单晒、单储。

技术评价及推广成果：超甜 4 号丰产性好，鲜穗籽粒饱满、金黄色、有光泽；蒸食甜度中等、果皮柔软、风味佳，市场认同程度甚好，以省内城镇郊区作鲜食玉米种植为主。

育种者简介：见超甜 3 号。

超 甜 135

超甜135，系东阳玉米研究所以自交系 S103 作母本、自交系 S120 作父本，经杂交配制而成的甜质型（超甜）玉米单交种，其母本系以甜玉2号田间变异株，经多代选育而成；父本源自甜玉米华珍的二环系。

2004 年4月，该组合通过浙江省农作物品种审定委员会的审定（审定号：浙审玉 2004005）。

1. 产量表现

2001 年浙江省甜玉米品种区域试验，平均鲜穗亩产 665.5 千克，比对照超甜3号增 9.98％；2002 年续试，平均鲜穗亩产 750.5 千克，比对照超甜3号增 21.9％。2003 年，参加浙江省甜玉米品种生产试验，平均鲜穗亩产 726.4 千克，比对照超甜3号增 13.6％。

据金华、嘉兴、杭州和绍兴等地多点种植，一般大田鲜穗亩产 800～850 千克，比超甜3号增 10％以上。

2. 特征特性

该组合植株半紧凑型，株高 210 厘米，茎秆粗壮，全株总叶数 19 片，叶色浓绿，叶鞘绿色，第 14 叶叶腋着生果穗，穗位高 75 厘米。果穗长筒形，穗长 20～21 厘米，穗粗 5.0 厘米，穗轴白色，每穗行数 12～14 行，每行粒数 40 粒，千粒重 355 克，单穗鲜重（去苞叶）230～250 克，秃尖短。籽粒淡黄色，排列整齐，结实饱满，出籽率 71.4％，皮薄渣少、甜度适中，蒸煮食味佳。出苗快而齐，幼苗健壮、长势好。雄穗发达、分枝多，花药黄色，花粉量足；雌穗花丝淡绿色，抽雄吐丝期吻合一致。据抗性鉴定，高抗玉米大叶斑病，抗玉米小叶斑病和茎腐病，感玉米螟。

属中熟类型组合，出苗至鲜穗采收需活动积温 2 200℃左右，即金华和衢州地区作春玉米栽培生育期 85 天左右；作秋玉米栽培生育期约 75 天。

3. 栽培技术

（1）**适时播种，隔离种植。** 金华和衢州地区作春玉米（露地）栽培，一般在 3 月下旬至 4 月上旬播种。采用保护地栽培，可适当提早播种。据经验，露地覆膜的提前播期 10～20 天、小拱棚加地膜提前播期 20～30 天。作秋玉米栽培，6 月下旬至 8 月上旬均可播种。超甜 135 种子瘦瘪、幼苗顶土能力偏弱，以集中育苗、2 叶 1 心带土移栽为佳。播种前，认真做好选种和晒种工作。

避免与其他玉米品种"串花"，一般空间隔离周边间距 300 米以上；时间隔离错开"花期"15 天以上。

（2）**合理密植，科学管理。** 一般每亩种植密度以 3 500～3 800 株为宜，少于 3 300 株或多于 4 000 株均会影响鲜穗产量和外观品质。

施肥水平参照普通玉米，但因超甜 135 以鲜食上市，故采收期比普通玉米早 10～20 天，为此，穗肥应提前 1～2 个叶龄追施，即可见叶 12 叶。

以地下害虫和玉米螟为重点，做好病虫害防治工作。一般以 50％辛硫磷乳油 1 000 倍液或 48％乐斯本乳油 1 000 倍液浇根，能有效防治地下害虫。大喇叭口期，采用 BT 乳剂 800 倍液、5％锐劲特 1 500 倍液或 1.5％蔬丹可湿性粉剂 50 克对水 50 千克灌心，也能控制玉米螟的危害。禁止使用剧毒和高残效农药，以保证鲜穗食用安全。

（3）**适时采收，确保品质。** 鲜穗适期采收甜度高、种皮薄、风味佳，为此，栽培上要求把握好采收适期。一般以灌浆时间来确定，即春玉米为吐丝后 18～20 天；秋玉米在吐丝后 20～22 天。采收时，果穗应连带苞叶、即时上市。

4. 制种要点

省内制种，春制 3 月底～4 月初播种；秋制 7 月 23 日前播种。父母本错期播种，先播父本，第一批父本（占父本用种70％）出苗后播母本和第二批父本（占父本用种30％）。父母本比例1∶4，即每亩种植母本3 200株、父本800株。

制种田安全隔离、肥力中上、排灌方便；对照亲本典型性状，及时清除田间杂株和劣株。抽雄吐丝期，彻底清除母本雄穗、不留残枝和残花；授粉期做好人工辅助授粉。授粉结束后，割除全部父本；待母本果穗充分成熟后采收，精细选种，做到手工脱粒和单晒、单储。

技术评价及推广成果：超甜135丰产性好、品质较佳、抗病抗倒，出苗快而齐，幼苗生长健壮、长势旺，果穗籽粒饱满、淡黄色、外观商品性好；蒸食甜度适中、皮薄渣少、风味甚佳，全省各地均有种植、系甜玉米的主要栽培品种之一。

育种者简介：王桂跃，浙江东阳市人，大学本科，高级实验师，任职于东阳玉米研究所，主要从事玉米新品种选育和玉米病虫害综合防治技术、高产栽培技术的研究与推广。育成的杂交玉米组合有超甜135、浙甜9号、浙糯玉2号和浙糯玉3号。近年来，主持或参加国家、省、金华市和东阳市科技项目（课题）20余项；在省级以上专业刊物发表论文40余篇；获科技进步奖7项，其中国家（部）科技进步奖1项、浙江省科技进步奖2项。

获得东阳市第四届中青年专业技术拔尖人才和东阳市第二届科技标兵荣誉。

超甜 2018

超甜2018，系东阳玉米研究所和浙江省种子公司合作选育而成的甜质型玉米单交种，其母本为自交系150BW；父本系自交系大28—2。

2001年，该组合通过浙江省农作物品种审定委员会的审定、2004年通过国家级审定，审定号分别为浙品审字第357号和国审玉 2004046。

1. 产量表现

2000—2001 年，浙江省甜玉米品种多点比较试验，其中 2000 年作秋玉米栽培，平均鲜穗亩产 815.6 千克，比对照特甜 1 号增 57.2%；2001 年作春玉米栽培，平均鲜穗亩产 776.4 千克，比对照超甜 3 号增 30.9%。同年，参加浙江省甜玉米品种生产试验，平均鲜穗亩产达 800 千克以上。

2001 年，金华市苏孟乡种植春玉米 199.5 亩，平均鲜穗亩产 900 千克，高产田达 1 058 千克；东阳市蔡卢村种植 30.8 亩，平均鲜穗亩产 806 千克，高产田达 928 千克。

2. 特征特性

该组合植株半紧凑型，株高 220～240 厘米，茎秆坚韧，全株总叶数 17～19 片，叶色浓绿，芽鞘和茎秆基部叶鞘均绿色，第 13 叶叶腋着生果穗，穗位高 85～95 厘米。果穗长柱形，苞叶较短，穗长 20～22 厘米，穗粗 5 厘米，穗轴白色，每穗行数 12～14 行，每行粒数 45 粒，单穗鲜重（不带苞叶）270 克，秃尖轻。籽粒金黄色，排列整齐、致密，无缺粒，结实饱满，出籽率达 72%，总糖（干基）36.85%，粗纤维（干基）2.4%，蒸煮风味佳。种子小粒、瘦瘪，但发芽率和成苗率较高、幼苗生长健壮。有分蘖和多穗现象，雄穗发达、分枝 8～10 个，花药黄色，花粉量大，雌穗花丝淡绿色。青秆黄熟，鲜穗采收后茎叶鲜绿多汁、营养丰富，可作牲畜优质食料。据抗性鉴定，高抗玉米大叶斑病和小叶斑病，抗青枯病，较抗粒腐病。

属中熟类型组合，在浙江作春玉米栽培出苗至鲜穗采收 85 天左右；作秋玉米栽培出苗至鲜穗采收约 75 天。

3. 栽培技术

（1）适季栽培，隔离种植。超甜 2018 在浙江大部分地区适宜作春玉米和秋玉米栽培。对土壤条件无特殊要求，但以选择肥力中上、排灌通畅的地块种植为佳。

采取隔离种植，一般与其他玉米空间隔离间距 300 米以上；时间隔离错开"花期"20 天以上。

（2）合理密植，精细管理。一般每亩种植密度为 3 200～3 300 株，如肥水和栽培管理水平较高，可适当提高密度。反之降低密度。

超甜 2018 的分蘖和多穗现象较突出，栽培上可结合中耕清除分蘖 2～3 次，并在吐丝后留上部第 1 个果穗，将其余小穗去除，以保证果穗的营养供给。

（3）防治病虫，适时采收。超甜 2018 病害较轻，一般不需药治，但易受地下害虫和玉米螟的危害，栽培上要做好防治工作。一般在播种（直播）或移栽定植时，以 5% 辛硫磷对水拌种或浇根，能有效控制地下害虫。玉米螟，抓住大喇叭口和吐丝期作药剂防治，可选用 5% 锐劲特或抑太保，禁止使用高毒高残效药剂。

超甜 2018 以鲜穗上市，适时采收的果穗甜度高、种皮薄、风味好。一般以苞叶稍松、花丝干枯呈黑褐色采收为佳，即春玉米在吐丝后 20～22 天；秋玉米在吐丝后 23～28 天。做到分批带苞叶采收和当天采收当天上市或加工。

4. 制种要点

以秋制为佳，7 月 18～25 日播种。父母本错期播种，先播父本，父本分 2 批播种，即第一批父本播后 3 天播母本和第二批父本。父母本比例 1∶6，每亩种植母本 3 500 株、父本 500 株。父本在制种田边缘单独种植、设置采粉区。

制种田隔离可靠、土质肥沃、能灌能排；对照亲本典型性状，及时拔除田间杂株、劣株。抽雄吐丝期，彻底清除母本雄穗；授粉期做好人工辅助授粉，提高制种产量。

技术评价及推广成果：超甜 2018 丰产性好、品质较佳、抗病性强，发芽率和成苗率高，幼苗长势强健，鲜穗采收后茎叶翠绿多汁、营养丰富，可作食草性畜的优质饲料，曾以甜质型玉米的主导品种推介全省各地种植。

育种者简介：见超甜 3 号。

超 甜 204

超甜 204，系东阳市种子公司以自交系东 20 作母本、自交系甜 04 作父本，经杂交配制而成的甜质型玉米单交种。其母本源自金凤超甜田间变异株，经多代自交选择定型；父本系科甜 112 的二环系。

2001 年 12 月，该组合通过浙江省农作物品种审定委员会的审定（审定号：浙品审字第 356 号）。

1. 产量表现

2000 年秋季东阳市甜玉米品比试验，平均鲜穗亩产 900.3 千克，比超甜 3 号增 17.6%；新昌县甜玉米品比试验，平均鲜穗亩产 916.2 千克，比超甜 3 号增 15.7%。2001 年，参加浙江省甜玉米品种区域试验，平均鲜穗亩产 745.0 千克，比对照超甜 3 号增 25.0%；同期，参加国家特种玉米品种展示，平均鲜穗亩产 1 026.7 千克，比超甜 3 号增 13.3%。2001 年，义乌市春季甜玉米品种大区对比试验，平均鲜穗亩产 965.7 千克，比超甜 3 号增 18.7%；东阳市横店镇秋季生产试种，平均鲜穗亩产 802.6 千克，比超甜 3 号增 13.5%。

2. 特征特性

该组合株型较松散，株高 210～240 厘米，茎秆粗壮，全株总叶数 19～20 片，叶片绿色，第 14～15 叶着生果穗，穗位高 85 厘米左右。果穗圆筒型，穗长 20～21 厘米，穗粗约 5 厘米，每穗行数 14 行，每行粒数 35～40 粒，单穗鲜重 270 克，籽粒金黄色。抗玉米大叶斑病、小叶斑病和青枯病。

属中熟类型组合，在浙江作春玉米栽培出苗至鲜穗采收 85～90 天；作秋玉米栽培出苗至鲜穗采收 70～75 天。

3. 露地栽培技术

（1）适期播种，隔离种植。 作春玉米栽培，待土温稳定12℃以上播种，一般浙中地区为3月底~4月初。作秋玉米栽培，以7月底为最迟播种期。为避免抽雄吐丝阶段遭遇高温干旱，降低鲜穗品质，一般5月中旬至6月中旬不宜播种。

避免与普通玉米、糯玉米或不同遗传背景的甜玉米"串花"，即要求空间隔离间距在300米以上；时间隔离则与抽雄吐丝期错开15天以上，以播种间隔天数计算，春玉米30天、秋玉米10天以上。

（2）育苗移栽，合理密植。 超甜204种子皱缩瘦瘪，发芽势较弱，幼苗顶土能力偏差，以育苗移栽为佳。育苗，选择光照充足、地势平坦、土质疏松和肥力中上的田块作苗床，种子浅覆土、不得超过3厘米。

超甜204对种植密度的反应甚为敏感，过高或过低均影响鲜穗产量及果穗商品性。据试验，每亩种植密度以3100株左右为宜。

（3）合理施肥，防治病虫。 超甜204植株繁茂性好，且穗位较高，栽培上苗期要适当控制肥水，以促根控茎；大喇叭口期，要早施重施穗肥，增施磷、钾肥，对缺锌的田块应施用锌肥。

采用无害化防治技术，控制病虫危害。重点是地下害虫和玉米螟，一般地老虎、蛴螬和蝼蛄等地下害虫，以48%乐斯本乳油1000倍液或50%辛硫磷乳油100倍液浇根防治。玉米螟，抓住大喇叭口期，每亩用1.5%蔬丹可湿性粉剂50克对水50千克灌心喷雾；或者用苏云金杆菌（Bt）乳剂800~1000倍液灌心喷雾；或者以5%锐劲特悬浮剂30毫升对水50千克喷雾。

（4）适时采收，确保品质。 一般以果穗花丝呈黑褐色、苞叶的叶脉间距拉大为采收适期，即春玉米为吐丝后18~22天；秋玉米在吐丝后20~25天，以清晨低温时带苞叶采收为佳。

4. 设施栽培技术

(1) 培育壮苗，适时移栽。 采用温室大棚（电热丝加热）营养土育苗。以 40%～50%腐熟农家肥（焦泥灰）、50%～60%肥沃细土和适量过磷酸钙，配制成营养土。一般浙中地区从 1 月下旬起择晴好天气分批播种，播种后覆地膜和加小拱棚。出苗后，注意通风炼苗。

当幼苗达 4～6 叶时，移入地膜覆盖的畦内，浇施腐熟稀人粪尿后，用湿土封好口、不留空隙，并加盖小拱棚。移栽中注意保持营养土的整体完好。

(2) 调控温度，精细管理。 移栽后前期主要做好防冻保暖工作，如遇霜冻天气需在小拱棚或大棚上加盖遮阳网、稻草等。气温逐步回升后，当棚内温度高于 36℃时，必须进行通风换气。

(3) 其他技术。 参照露地栽培技术。

5. 制种要点

浙中地区制种，春制 3 月底～4 月初播种（育苗）；秋制以 7 月 20 日前播种为宜。父母本同期播种，父本分 2 批播种，即母本和第一批父本同日播种、出苗后（50%幼苗高 2～3 厘米）播第二批父本，父Ⅰ和父Ⅱ7：3；父母本行比 1：4，即每亩种植母本 2 700～2 900 株、父本 700～800 株。

确保制种田安全隔离和无检疫性病害；做好田间去杂去劣和母本去雄工作；授粉期做好人工辅助授粉，提高制种产量。授粉结束后，即及时割除全部父本。

技术评价及推广成果：超甜 204 增产潜力大、稳产性好，抗病性强，鲜食口感好、风味佳，且易种好管、符合当地玉米种植习惯，在全省各地广为引种栽培。

"甜玉米新品种超甜 204 的选育与推广应用"项目，经金华市科技局组织评审确认，总体水平居省内先进。2002 年度获得浙江省农业丰收二等奖；2003 年度，获得金华市科技进步三等奖和东阳市科技进步三等奖。

育种者简介：见浙糯玉1号。

东 甜 206

东甜206，系东阳市种子公司以自交系D22作母本、自交系甜26作父本，经杂交配制而成的甜质型玉米单交种。其母本系以杂交种甜珍/甜150-02为基础材料，经多代自交选择定型；父本为杂交种美甜101/甜09多代自交的稳定系。

2005年11月，该组合通过浙江省农作物品种审定委员会的审定（审定号：浙审玉2005001）。

1. 产量表现

2003年浙江省甜玉米品种区域试验，平均鲜穗亩产666.0千克，比对照超甜3号增11.1%；2004年续试，平均鲜穗亩产771.3千克，比对照超甜3号增14.0%。2005年，参加浙江省甜玉米品种生产试验，平均鲜穗亩产823.4千克，比对照超甜3号增4.2%。

2. 特征特性

该组合株型半紧凑，株高221厘米，全株总叶数19～20片，叶色绿，幼苗叶鞘绿色，第14～15叶叶腋着生果穗，穗位高83.6厘米。果穗圆筒型，穗长18.7厘米，穗粗4.9厘米，穗轴白色，每穗行数15行，每行粒数36粒，千粒重336.2克，籽粒浅黄色。据品质分析，含还原糖1.4%、含可溶性总糖10.24%；抗性鉴定，抗玉米大叶斑病、小叶斑病和茎腐病，感玉米螟。颖壳浅绿色，花药浅黄色，花丝白色。

属中熟类型组合，在浙江春季栽培出苗至鲜穗采收90～95天；秋季栽培出苗至鲜穗采收80天左右。

3. 栽培技术

（1）适期播种，隔离种植。 作春玉米栽培，要求地温稳定12℃以上始播，一般浙中地区在3月底～4月初；作秋玉米栽培，以 7 月底为最迟播期。5 月中旬～6 月中旬不安排播种，以防止受高温影响而降低鲜穗品质。

避免与普通型玉米、糯质型玉米和不同遗传背景甜质型玉米"串花"，一般空间隔离周边间距在 300 米以上；时间隔离错开"花期"15 天以上，即组合间的播种时差为春玉米 20 天以上、秋玉米 10 天以上。

(2) 精细育苗，合理密植。选择光照充足、地势平坦、土质疏松和肥水条件好的田块作苗床，做到精细整地、均匀播种、浅土覆籽。东甜 206 种子皱缩、瘦瘪，发芽势较弱，幼苗顶土能力不强，一般覆土不超过 3 厘米。

该组合对种植密度的反应较为敏感，过高或过低均影响鲜穗产量及商品性。据试验，每亩种植密度以 3 000～3 200 株为宜。

(3) 合理施肥，防治病虫。东甜 206 喜肥水，但植株和穗位略高。因此，栽培上适当控制苗期的肥水，以促根控茎；到大喇叭口期，要早施和重施穗肥，增施磷、钾肥。

以地下害虫和玉米螟为重点，做好病虫害防治工作。对蛴螬、蝼蛄和地老虎等地下害虫，可用 48%乐斯本、50%辛硫磷或毒死蜱等药剂防治；玉米螟，一般在大喇叭口期以锐劲特、蔬丹或苏云金杆菌（BT）乳剂对水灌心叶防治。

(4) 适时采收，提高品质。据试验，采收过迟的鲜穗，品质和适口性均会下降。一般春玉米在吐丝后 18～22 天、秋玉米在吐丝后 20～25 天为采收适期。

4. 制种要点

浙中地区春制 3 月底至 4 月初播种（育苗）；秋制 7 月 20 日前播种。父母本同日播种，父本分 2 批播种，即母本和第一批父本出苗后（50%幼苗高 2～3 厘米）播第二批父本。父Ⅰ和父Ⅱ比例为 6∶4；父母本行比 1∶4，即每亩种植母本 2 700～2 900株、父本 700～800 株，有经验的制种基地可适当扩大行比。

确保制种田安全隔离，及时做好去杂去劣和母本去雄工作。

授粉期做好人工辅助授粉。

技术评价及推广成果：东甜 206 丰产性好，生育期适中，适应性广，且果穗大、外观品质好、鲜穗食用口感和风味佳，适合全省城镇郊区作鲜食玉米种植。

育种者简介：见东糯 3 号。

浙 甜 6 号

浙甜 6 号，系东阳玉米研究所以自交系 jp233 作母本、自交系大 28-2 作父本，经杂交配制而成的甜质型玉米单交种。其母本系以杂交种金银粟和中糯 2 号配制成四交种，再以金银粟作回交，经过连续多代自交选择定型；父本源自华珍的二环系。

2005 年 9 月，该组合通过浙江省农作物品种审定委员会的审定（审定号：浙审玉 2005004）。

1. 产量表现

2002 年浙江省甜玉米品种区域试验，平均鲜穗亩产 700.9 千克，比对照超甜 3 号增 13.8%；2003 年续试，平均鲜穗亩产 718.4 千克，比对照超甜 3 号增 19.9%。同年，参加浙江省甜玉米品种生产试验，平均鲜穗产 761.9 千克，比对照超甜 3 号增 19.2%。

2002 年，东阳市横店农业示范园秋玉米种植 15 亩，平均鲜穗亩产（带苞叶）928 千克；2003 年，春玉米种植 180 亩，平均鲜穗亩产（带苞叶）1 050 千克。

2. 特征特性

该组合植株半紧凑型，株高 210 厘米，茎秆坚韧，全株总叶数 18 片，叶片浓绿色，芽鞘和茎秆基部叶鞘为绿色，第 12～13 叶叶腋着生果穗，穗位高 75 厘米。果穗圆锥型，穗长 20 厘米，粗 4.8 厘米，穗轴白色，每穗行数 14～16 行，每行粒数 38 粒，千粒鲜重 320 克，单穗鲜重（去苞叶）280～300 克，秃尖轻。

籽粒黄、白相间（3∶1），有光泽，排列整齐、致密、无缺粒，结实饱满，总糖量（干基）41.5％，鲜穗煮食脆嫩、爽甜、无渣，可与美国202媲美。种子籽粒较大，出苗快，幼苗长势旺。有分蘖和多穗现象，雄穗发达，花药黄色，花粉量足；雌穗花丝淡绿，苞叶较长、完整、有旗叶。较抗大、小叶斑病，抗青枯病，中抗茎腐病，感玉米螟。

属中熟偏早类型组合，在浙江作春玉米栽培出苗至鲜穗采收88天左右；作秋玉米栽培出苗至鲜穗采收75～80天。

3. 栽培技术

（1）适期播种，隔离种植。作春玉米栽培，要求土温稳定在12℃以上播种，一般浙中平原丘陵地区为3月中、下旬；浙北地区在3月下旬至4月上旬。采取保护地栽培可适当提早播种，据试验，露地覆膜栽培能提早播期15天；小拱棚加地膜栽培可提早播期30天。作秋玉米栽培，7月初至8月中旬均可播种。一般不安排在5月至6月间播种。为避免上市过于集中，一般采取分期播种分批采收。

为确保鲜穗品质，要求作隔离种植，一般空间隔离间距达300米以上；时间隔离错开"花期"25天以上。

（2）育苗移栽，合理密植。浙甜6号幼苗破土能力较差，为确保全苗和齐苗，以育苗移栽为佳。育苗时，做到薄覆土、一般控制在2厘米厚度以内，幼苗达3叶1心即移栽定植。

一般种植密度每亩为3 300株，以3 500株为上限。

（3）合理施肥，精细管理。该组合较耐肥，栽培上需适当增加施肥量。一般每亩施农家肥1 000千克、过磷酸钙25千克和氯化钾15千克作底肥；移栽活棵后，每亩追施复合肥10千克；嗽叭口期，每亩追施尿素20千克、复合肥20千克。

当在肥水条件较为优越的条件下，浙甜6号易出现分蘖和多穗现象，栽培上要予以及时清理。分蘖，结合中耕作分次去除；多穗，一般在吐丝后留上部第1个果穗，将其余小穗掰除。

（4）防治病虫，适时采收。以玉米螟和地下害虫为重点，采取无公害防治技术，及时控制病虫害。对蝼蛄、蛴螬和地老虎等地下害虫，用50％辛硫磷兑水拌种或浇根防治；玉米螟，一般在喇叭口以BT乳剂或5％锐劲特兑水灌心，可有效控制危害。

鲜穗适期采收甜度高、风味好，一般以春玉米授粉后20～22天、秋玉米授粉后25～27天为采收适期。采收时，做到带苞叶、当天采收当天上市。

4. 制种要点

省内制种以秋制为佳，一般7月18～25日播种。父母本错期播种，先播父本，父本分2批播种，即第一批父本播后3天播第二批父本、5天播母本；父母本比例1∶6，每亩种植母本3 500株、父本550株左右。父本单独种植、设置采粉区。

制种基地周边400米以内或"花期"20天以上，禁绝异源花粉；对照亲本典型性状，做好田间去杂去劣。抽雄吐丝期，及时清除母本雄穗、不留残枝和残花；授粉期，做好人工辅助授粉。待母本充分成熟后采收，做好选留种和手工脱粒及单晒、单储。

技术评价及推广成果：浙甜6号丰产性好，抗病性强，鲜穗煮食口感脆甜、爽口、无渣，品质佳；果穗大小适中，子粒黄白相间、排列致密、结实饱满，商品性甚好，适合全省各地城镇郊区作鲜食玉米种植。

育种者简介：见超甜3号。

浙 甜 7 号

浙甜7号，系东阳玉米研究所以自交系美甜922111作母本、自交系华L11111作父本，经杂交配制而成的甜质型玉米单交种。其母本系单交种金银粟与自交系150sh2配制的三交种，经连续自交选育而成；父本以杂交种华珍为基础材料，经多代自交选择定型。

2004 年 9 月，该组合通过浙江省品种审定委员会的审定（审定号：浙审玉 2004009）。

1. 产量表现

2002 年浙江省甜玉米品种区域试验，平均鲜穗亩产 606.4 千克，比对照超甜 3 号减 1.5%；2003 年续试，平均鲜穗亩产 674.7 千克，比对照超甜 3 号增 12.6%。2004 年，参加浙江省甜玉米品种生产试验，平均鲜穗亩产 736 千克，比对照超甜 3 号增 5.61%。

2003—2004 年，东阳市南马镇和千祥镇试种 10.5 亩，平均鲜穗亩产 783.9 千克，比对照超甜 3 号增 9.2%；2003—2004 年，江山市试种 6 亩，平均鲜穗亩产 819.8 千克，比对照超甜 3 号增 11.9%。

2. 特征特性

该组合株型较紧凑，株高 210 厘米，茎秆坚韧，全株总叶数 17～19 片，穗上部叶片上冲；穗下部叶片较平展、宽大，叶片深绿色，茎基部叶鞘绿色，第 13～14 叶叶腋着生果穗，穗位高 85 厘米。果穗长锥形，穗长 21 厘米，穗粗 5.0 厘米，穗轴白色，每穗行数 14～16 行，每行粒数约 40 粒，千粒鲜重 328 克，籽粒淡黄色，总糖（干基）含量 48.7%，出籽率 70.4%。据抗性鉴定，高抗玉米大叶斑病，抗玉米小叶斑病，中抗玉米茎腐病，感玉米螟。雄穗发达、分枝多，花药黄色，雌穗花丝淡绿色。

属中熟类型组合，在浙江平原丘陵地区作春玉米栽培，出苗至鲜穗采收 88 天左右；作秋玉米栽培出苗至鲜穗采收约 78 天。

3. 栽培技术

（1）适地栽培，隔离种植。该组合可作春玉米或秋玉米栽培，且适用于清种或间套种等多种栽培方式，但其以鲜穗上市为主，一般适合城镇郊区和风景区、交通要道的毗邻地区种植。

为避免"串花"、降低鲜穗品质，要求隔离种植。一般浙甜7号周边300米以内不种植普通型、糯质型和不同遗传背景的甜质型玉米，或者错开"花期"20天以上。

（2）合理密植，科学管理。提倡育苗移栽，一般作春玉米栽培3月25日前后始播；作秋玉米栽培的最迟播期，平原和丘陵地区8月10日、山区为8月5日。每亩种植密度为3 300～3 500株。

据试验，浙甜7号鲜穗亩产800千克以上，需氯化钾10千克、过磷酸钙50千克和尿素35千克。磷、钾肥作基肥，尿素作基肥、苗肥和穗肥分次追施。其中基肥占30％、苗肥占20％（4～5叶）、穗肥占50％（10～12叶）。

在肥水充足和稀植的条件下，浙甜7号易出现分蘖和多穗现象。一般对分蘖需及时清除；多穗，在吐丝后留顶部第1个果穗，将多余小穗掰除。

（3）防治病虫，适时采收。以地下害虫和玉米螟为重点，采取无公害防治技术，做好病虫害防治工作。地下害虫，用50％辛硫磷兑水拌种（直播）或浇根防治；玉米螟，一般在喇叭口期和吐丝期，采用90％敌百虫药液防治。

一般以果穗苞叶稍松、花丝干枯至黑褐色，且子粒充分成熟、有光泽为采收适期，即春玉米为吐丝后20～22天；秋玉米为吐丝后23～28天。

4. 制种要点

以秋季制种为佳，一般7月18～25日播种。父母本同期播种，父本分2批播种，即母本和第一批父本同日播种、播后3天播第二批父本；父母本行比1∶6，每亩种植母本3 500株、父本550株左右。父本在制种田边缘单独种植、设置采粉区。

制种基地需做好安全隔离，且光照和肥水条件能满足生长发育的需求；对照父母本典型性状，做好田间去杂去劣。抽雄吐丝期，需及时清除母本雄穗、不留残枝和残花；授粉期，做好人工辅助授粉。待母本充分成熟后采收，做到手工脱粒和单晒、单储。

技术评价及推广成果：浙甜 7 号丰产性较好，品质优，抗病抗倒，果穗大小适中、子粒饱满、色泽淡黄且鲜亮，商品性甚佳；鲜穗煮食口感鲜嫩、脆甜、无渣，风味好，适合全省各地城镇郊区和风景区、交通要道的毗邻地区作鲜食玉米种植。

育种者简介：郭章贤，浙江东阳市人，大学专科，高级实验师，现任职于东阳玉米研究所，主要从事玉米新品种选育和良种繁育及高产栽培技术研究。主持完成浙江省"九五"重点科技项目"高产、优质、多抗玉米新品种的选育和特用玉米新品种的引进"和浙江省"十五"重点科技项目"鲜食玉米新品种的选育"，育成了浙甜 7 号等甜质型玉米组合；省级以上专业刊物发表论文 20 余篇，并多篇获得优秀论文奖；获科技成果奖 13 项，其中浙江省、金华市和东阳市科技进步奖 4 项和农业丰收奖 7 项。

获得东阳市第二届中青年专业技术拔尖人才荣誉。

浙 甜 8 号

浙甜 8 号（原名白甜糯 1 号），系东阳玉米研究所以自交系 DX - 1 作母本、自交系 W3D3 作父本，经杂交配制而成的甜质型玉米单交种。其母本系以甜玉米 SAKATA（日本）与自交系 W4（糯）配制的三交种为基础材料，经多代自交选择定型；父本为自交系 150（甜）与自交系 W3（糯）配制成单交种，经多代自交选育而成。

2007 年 10 月，该组合通过浙江省农作物品种审定委员会的审定（审定号：浙审玉 2007002）。

1. 产量表现

2005 年浙江省甜玉米品种区域试验，平均鲜穗亩产 1 057.2

千克，比对照超甜 3 号增 30.39%；2006 年续试，平均鲜穗亩产 829.85 千克，比对照超甜 3 号增 20.95%。2006 年，参加浙江省甜玉米品种生产试验，平均鲜穗亩产 871.9 千克，比对照超甜 3 号增 6.03%。

2. 特征特性

该组合株型较松散，株高 229 厘米，茎秆粗壮，全株总叶数 19 片，叶片浓绿色，第 14 叶叶腋着生果穗，穗位高 83.9 厘米。果穗长筒型，穗长 20.3 厘米，穗粗 4.9 厘米，秃尖长 1.0 厘米，每穗行数 15.6 行，每行粒数 36.4 粒，千粒重 328.6 克（鲜），单穗重 276.0 克；籽粒白色、半马齿型，含可溶性总糖 7.81%。鲜穗蒸煮后，香浓、色鲜、风味佳。经抗性鉴定，中抗大叶斑病、小叶斑病和茎腐病，高感玉米螟。

属中熟偏迟类型组合，浙中平原丘陵地区作春玉米栽培，出苗至鲜穗采收约 92 天；作秋玉米栽培出苗至鲜穗采收约 82 天左右。

3. 栽培技术

（1）隔离种植。 为确保鲜穗品质，要求浙甜 8 号周边 300 米内不种植普通型、糯质型或甜质型不同遗传背景玉米，或错开"花期" 20 天以上。

（2）播种移栽。 作春玉米栽培，以地温稳定 12℃以上始播，一般浙中地区为 3 月底～4 月初；作秋玉米栽培，以 8 月 10 日为最迟播种期。采取育苗移栽，每亩种植密度为 3 200～3 400株。

（3）科学管理。 肥料的品种、数量参照同类型组合，做到适施基肥、早施苗肥、重施穗肥和增施有机肥、配施磷钾肥。及时中耕松土、除草及培土防倒。以地下害虫和玉米螟为重点，采用无公害防治技术，做好病虫防治工作。

（4）适时采收。 以果穗花丝干枯呈黑褐色为采收适期，一般春玉米为吐丝后 20～22 天；秋玉米在吐丝后 22～24 天。

4. 制种要点

浙江省内制种可春制，也可秋制。春制，3月中旬播种、育苗。父母本同期播种，父本分2批播种，即母本和第一批父本同日播种、播后5天播第二批父本；秋制，7月20日前播种，父母本同期播种，父本分2批播种，即母本和第一批父本同日播种、播后3天播第二批父本。父母本比例1∶4，每亩种植母本3 200株、父本800株。父本在制种田边缘单独种植、设置采粉区。

制种基地周边400米内没种植同"花期"玉米或错开"花期"20天以上。对照亲本典型性状，做好田间去杂去劣。抽雄吐丝期，需及时清除母本雄穗、不留残枝和残花；授粉期，做好人工辅助授粉。待母本果穗充分成熟后采收，做到手工脱粒和单晒、单储。

技术评价及推广成果：浙甜8号产量高，品质优，中抗大叶斑病、小叶斑病和茎腐病，果穗穗形适中、籽粒洁白，商品性甚佳；煮食色鲜味浓，风味好，适宜全省各地城镇郊区作鲜食玉米种植。

育种者简介：楼肖成，浙江东阳市人，大学本科，农艺师，任职于东阳玉米研究所，主要从事玉米育种及配套栽培技术的研究与推广，获得全国农牧渔业丰收奖2项、浙江省农业丰收奖3项和浙江省科技进步奖1项。

浙 甜 9 号

浙甜9号（原名金银甜135），系东阳玉米研究所以自交系S114作母本、自交系S217作父本，经杂交配制而成的甜质型（超甜）玉米单交种。其母本选自甜玉米华珍的二环系；父本源自甜玉米SAKATA（日本）二环系。

2007年10月，该组合通过浙江省农作物品种审定委员会的审定（审定号：浙审玉 2007003）。

1. 产量表现

2005 年浙江省甜玉米品种区域试验，平均鲜穗亩产 929.4 千克，比对照超甜 3 号增 14.63％；2006 年续试，平均鲜穗亩产 800.33 千克，比对照超甜 3 号增 8.74％。2007 年，参加浙江省甜玉米品种生产试验，平均鲜穗亩产 880.43 千克，比对照超甜 3 号增 22.4％。

2. 特征特性

该品种株型半紧凑，株高 180 厘米，茎秆粗壮，全株总叶数 18 片，叶色浓绿，叶鞘绿色，第 13 叶叶腋着生果穗，穗位高 50 厘米。果穗长筒形，穗长 20 厘米，穗粗 4.9 厘米，穗轴白色，每穗行数 14 行，每行粒数 35 粒，千粒重 345 克，单穗鲜重（去苞叶）254 克，秃尖短。籽粒黄白相间，排列整齐，灌浆饱满，出籽率 73.4％。鲜穗外观品质佳，蒸煮后薄皮少渣、甜度适中、风味好。出苗快而齐，植株长势较旺、根系发达、抗倒能力强。雄穗分枝多、花粉量足；雌穗花丝淡绿色，抽雄吐丝吻合一致。据抗性鉴定，抗大叶斑病，中抗小叶斑病和茎腐病，高感玉米螟。

属中熟偏早类型组合，需有效活动积温 2 100℃左右（出苗至鲜穗采收），金华和衢州地区作春玉米栽培出苗至鲜穗采收 85 天左右；作秋玉米栽培出苗至鲜穗采收约 75 天，比对照超甜 3 号早熟 4 天。

3. 栽培技术

（1）**适期播种，隔离种植。** 金华和衢州地区作春玉米露地栽培，一般 3 月下旬～4 月上旬播种。如覆地膜栽培，可提前播期 10～20 天；小拱棚加地膜栽培，可提前播期 20～30 天。作秋玉米栽培，6 月下旬～8 月上旬均可播种。提倡集中育苗，做好选种和晒种工作。

为确保鲜穗品质，采取隔离种植。一般浙甜 9 号周边 300 米内不种植普通型、糯质型和甜质型不同遗传背景玉米，或抽雄吐丝期错开 20 天以上。

（2）合理密植，科学管理。采取小苗带土移栽（2 叶 1 心），一般每亩种植密度为 3 500 株左右，少于 3 000 株或多于 4 000 株，均影响鲜穗产量和外观品质。

肥料的品种和数量参照同类型玉米，做到足施基肥、适施苗肥、重施穗肥和增施磷钾肥。浙甜 9 号以鲜穗上市，一般采收期比普通玉米早 10～20 天。因此，穗肥应提前 1～2 个叶龄施用，即可见叶 12 片。以地下害虫和玉米螟为重点，采用无公害防治技术，做好病虫害防治工作。及时中耕松土、除草和培土防倒。

（3）适时采收，确保品质。鲜穗适时采收甜度高、种皮薄、风味好，一般以灌浆时间确定采收适期，即春玉米为吐丝后18～20 天；秋玉米在吐丝后 20～22 天。

4. 制种要点

浙江省内制种可春制，也可秋制。春制，3 月底～4 月初播种；秋制，7 月 23 日前播种。父母本错期播种，先播母本，母本出苗后播第一批父本（占父本总量 70%），第一批父本播后 5 天播第二批父本。父母本比例 1∶4，每亩种植母本 3 200 株、父本 800 株。

确保隔离安全和满足光照、肥水条件；对照亲本典型性状，做好田间去杂去劣。抽雄吐丝期，做好母本去雄、不留残枝和残花；授粉期，做好人工辅助授粉。授粉结束后，割除全部父本。待母本果穗充分成熟后采收，做到手工脱粒和单晒、单储。

*技术评价及推广成果：*浙甜 9 号丰产性好，抗病抗倒，果穗穗形适中、子粒黄白相间，商品性好；鲜穗煮食薄皮少渣、甜度适中、风味佳，且生育期短、鲜穗上市早，适合全省各地城镇郊区作鲜食玉米种植。

*育种者简介：*见超甜 135。

东糯3号

东糯3号，系东阳市种子公司以单交组合 N12-1/N-3 作母本、自交系东 08-16 作父本，经杂交配制而成的糯质型玉米三交种。其母本 N12-1/N-3 源自郑白糯 1 号和 98W-4 的二环系；父本系以苏玉糯 1 号为基础材料，经多代自交选育定型。

2004 年 5 月，该组合通过浙江省农作物品种审定委员会的审定（审定号：浙审玉 2004002）。

1. 产量表现

2001 年浙江省糯玉米品种区域试验，平均鲜穗亩产 654.8 千克，比对照苏玉糯 1 号增 5.92%；2002 年续试，平均鲜穗亩产 619.5 千克，比对照苏玉糯 1 号增 3.3%。2003 年，参加浙江省糯玉米品种生产试验，平均鲜穗亩产 676.6 千克，比对照苏玉糯 1 号增 2.6%。

2. 特征特性

该组合株型半紧凑，株高 180～190 厘米，全株总叶数 19 片，叶片中绿色，叶鞘紫色，第 14～15 叶叶腋着生果穗，穗位高 75 厘米左右。果穗圆筒型，穗长 18.6 厘米，穗粗 4.5 厘米，每穗行数 14 行，每行粒数 30～35 粒。籽粒白色，排列整齐，外观品质佳，糯性好、含枝链淀粉 62.1%。耐肥抗倒，抗玉米大叶斑病，中抗玉米小叶斑病，高抗茎腐病，感玉米螟。

属早熟类型组合，在浙江作春玉米栽培出苗至鲜穗采收 85 天左右；作秋玉米栽培出苗至鲜穗采收约 70 天。

3. 栽培技术

(1) 适期播种，隔离种植。 作春玉米露地栽培，以土温稳定 12℃以上始播，一般浙中地区为 3 月底～4 月初。采取保护地栽培，可适当提早播种；作秋玉米栽培，以 7 月 10 日～7 月 31 日播种为宜，最迟不迟于"立秋"。5 月中旬～6 月中旬不宜播种。

提倡育苗移栽，每亩大田用种 1～1.5 千克。

与普通型组合、甜质型组合和不同粒色的糯质型组合隔离种植，一般空间隔离间距在 300 米以上；时间隔离则错开"花期"15 天以上。

(2) 合理密植，精细管理。东糯 3 号适合密植，一般每亩种植密度以 3 500 株左右为宜。施肥做到施足基肥、适施苗肥和早施、重施穗肥。栽培管理，特别要重视苗期的肥水管理和及时掰除无效果穗。及时防治地下害虫、玉米螟和灰飞虱、蚜虫等矮缩病传毒媒介，采用无公害防治技术，禁止使用剧毒高残留农药。

(3) 适时采收，保证品质。鲜穗适时采收品质佳、商品性好，可提高市场竞争力，一般春玉米在授粉后 18～23 天采收；秋玉米授粉后 21～25 天采收。做到带苞叶采收、随采随上市。

4. 制种要点

父母本错期播种，先播父本，父本分 2 批播种，即第一批父本（占父本用种 60%）出苗后（50% 幼苗高 2～3 厘米）播母本和第二批父本。父母本行比 1∶4，每亩种植母本 2 800 株、父本 700 株左右。

制种田必须做到隔离安全和满足肥水需求；对照父母本典型特征，及时去除田间杂株和劣株。授粉期做好人工辅助授粉。授粉结束后，清除田间父本。

*技术评价及推广成果：*东糯 3 号鲜穗采收早、产量高，且果穗糯性好、商品性佳，浙江各地和江西等外省市均有种植。浙江以糯质型玉米主导品种推介全省种植，截止 2007 年秋，全省累计种植面积 6 万余亩。

*育种者简介：*赵一君，浙江东阳市人，中专，农艺师，现任职于东阳市种子公司，主要从事玉米品种选育和良种繁育及推广工作，育成的杂交玉米组合有浙单 9 号（普通型）、东糯 3 号（糯质型）和东甜 206（甜质型）。

东糯 4 号

东糯 4 号，系东阳市种子公司以自交系 N2 - 91 作母本、自交系 D5 - 13 作父本，经杂交配制而成的糯质型玉米单交种。其母本源自 98W - 2 的二环系；父本系由中糯 1 号多代自交而定型。

2005 年 11 月，该组合通过浙江省农作物品种审定委员会的审定（审定号：浙审玉 2005005）。

1. 产量表现

2003 年浙江省糯玉米品种区域试验，平均鲜穗亩产 639.7 千克，比对照苏玉糯 1 号增 3.4％；2004 年续试，平均鲜穗亩产 685.1 千克，比对照苏玉糯 1 号增 1.1％。2005 年，参加浙江省糯玉米品种生产试验，平均鲜穗亩产 696.5 千克，比对照苏玉糯 1 号增 5.5％。

2. 特征特性

该组合株型较紧凑，株高 185 厘米，茎秆粗壮，全株总叶数 18～19 片，叶片绿色，叶鞘紫色，第 14～15 叶叶腋着生果穗，穗位高 70 厘米。果穗圆筒型，穗长 17.0 厘米，穗粗 4.7 厘米，每穗行数 14.2 行，每行粒数 30～35 粒，单穗鲜重（去苞叶）250 克左右。籽粒白色、硬粒型，排列整齐，出籽率 64.9％；糯性好、直链淀粉含量（干基）2.8％。耐肥抗倒，抗玉米大叶斑病，中抗玉米小叶斑病，感茎腐病，高感玉米螟。

属早中熟类型组合，在浙江作春玉米栽培出苗至鲜穗采收 88.4 天，比苏玉糯 1 号早 3.2 天。

3. 栽培技术

（1）适时播种，隔离种植。作春玉米露地栽培，以地温稳定 12℃以上始播，一般浙江中部地区在 4 月初～5 月初均可播种。保护地栽培可提前播种，即覆膜栽培提早到 3 月中旬；温室育苗和双膜（小拱棚加地膜）栽培提早到 2 月份。作秋玉米栽培，7月初～8 月初均可播种。5 月中旬～6 月中旬不宜播种。提倡育苗移栽，每亩大田用种 1～1.5 千克。

与普通型组合、甜质型组合和不同粒色的糯质型组合隔离种植，一般空间隔离间距在 300 米以上；时间隔离错开"花期"在15 天以上。

(2) 合理密植，科学管理。东糯 4 号株型较紧凑，可适当增加种植密度，一般每亩以 3 300～3 500 株为宜。栽培管理，做到基肥足、苗肥早、穗肥重和增施农家肥、配施磷钾肥；及时去除分蘖和无效小穗；采用无公害防治技术，做好地下虫害、玉米螟和灰飞虱、蚜虫等矮缩病传毒媒介的防治工作。

(3) 适时采收，确保品质。鲜穗适时采收商品性好、煮食风味佳，一般春玉米授粉后 18～23 天、秋玉米授粉后 21～25 天为采收适期。鲜穗采收做到带苞叶、当天采收当天上市。

4. 制种要点

父母本错期播种，先播母本，父本分 2 批播种，即母本播后3～5 天播第一批父本、6～8 天播第二批父本。父Ⅰ和父Ⅱ各半；父母本行比 1∶4，即每亩种植母本 2 800 株左右、父本约 700株；对照父母本典型性状，做好田间去杂去劣。抽雄吐丝期及时摘除母本雄穗、不留残枝和残花。

技术评价及推广成果：东糯 4 号鲜穗丰产性好、采收早，且果穗外观品质和食用品质均优于苏玉糯 1 号，主要在浙江省内城镇郊区作鲜食玉米种植。

育种者简介：见浙糯玉 1 号。

浙糯玉 1 号

浙糯玉 1 号，系东阳玉米研究所、东阳市种子公司和金华市种子公司合作选育的糯质型玉米三交种，其母本系单交种通系

5/衡白 522；父本为自交系糯 81-5。

2000 年 4 月，该组合通过浙江省农作物品种审定委员会的认定（认定号：浙品认字第 263 号）。

1. 产量表现

1996—1997 年浙江省糯玉米品种多点比较试验，平均鲜穗亩产 670 千克和 704.3 千克，比对照苏玉糯 1 号增 15.8％和 4.9％。1997 年金华市糯玉米品种生产试验，平均鲜穗亩产 662 千克，比对照苏玉糯 1 号增 11.4％。

1997 年，台州市黄岩区种植 499.5 亩，平均鲜穗亩产 650 千克；东阳市种植 1 500 亩，平均鲜穗亩产 650 千克。1998 年，台州市种植 2 505 亩，平均鲜穗亩产 600 千克；东阳市种植 2 200 亩，平均鲜穗亩产 650 千克。

2. 特征特性

该组合株型较紧凑，株高 200 厘米左右，茎粗 2.0 厘米，全株总叶数 19 片，第 15 叶叶腋着生果穗，穗位高 85 厘米。果穗圆锥型，穗长 17 厘米，穗粗 4.2 厘米，每穗行数 14.0 行，每行粒数 30～35 粒，籽粒白色。据品质分析，含直链淀粉 4.5％、粗蛋白（干基）11.0％、粗脂肪（干基）5.5％、水分 13.3％。抗性鉴定结果，高抗玉米大叶斑病、小叶斑病和青枯病。

属中熟类型组合，在浙江平原和丘陵地区作春玉米栽培，出苗至鲜穗采收 85 左右；作秋玉米栽培出苗至鲜穗采收约 80 天。

3. 栽培技术

（1）适季播种，隔离种植。作春玉米栽培，浙中平原和丘陵地区 3 月底 4 月初播种；浙南平原和丘陵地区 3 月中旬播种；浙北平原地区 4 月上旬播种。作秋玉米栽培，6 月下旬至 7 月底均可播种。一般不安排在 5 月中旬～6 月中旬播种，以免抽雄吐丝期受高温干旱影响，降低鲜穗产量和品质。

浙糯玉 1 号与其他玉米"串花"当代即改变糯性、降低品质。为此，要求隔离种植，一般空间隔离周边间距 300 米以上；

时间隔离错开"花期"15 天以上。

（2）**栽足密度，科学管理**。该组合株型较紧凑，可适当提高种植密度，一般每亩种植密度以 3 500～4 000 株为宜。根据"足施基肥、适施苗肥、早施重施穗肥和增施有机肥、合理配施磷钾肥"的原则，重点抓好穗肥的施用，一般以可见叶 12 片为追施适期，每亩用尿素 25 千克。

浙糯玉 1 号的分蘖和多穗现象较明显，栽培上要做到及时去除。分蘖，可结合中耕除去；多穗，一般在吐丝后留上部第 1～2 个果穗，将多余小穗尽数掰除。

（3）**防治病虫，适期采收**。以地下害虫和玉米螟为重点，做好病虫害的防治工作。对蝼蛄、蛴螬和地老虎等地下害虫，可采用 50% 辛硫磷兑水拌种或浇根；玉米螟，一般在喇叭口期以 BT 乳剂或菊酯类农药兑水灌心。禁止使用高毒高残效农药。

鲜穗适时采收品质佳，据经验，以果穗花丝干枯变黑褐色为采收适期。一般春玉米在吐丝授粉后 20 天左右；秋玉米约在吐丝授粉后 25 天。

4. 制种要点

父母本同期播种，父本分 2 批播种，即母本和第一批父本同日播种、出苗后（50% 幼苗高 2～3 厘米）播第二批父本。父 I 和父 II 为 6：4；父母本行比 1：4，每亩种植母本 3 000～3 200 株、父本 800 株。

制种基地安全隔离和能满足光照、肥水条件需求。对照亲本典型性状，做好田间去杂去劣。抽雄吐丝期，及时摘除母本雄穗、不留残枝和残花；授粉期，做好人工辅助授粉。授粉结束后，及时清理父本。

技术评价及推广成果：浙糯玉 1 号的育成填补了省内糯质型玉米育种的空白，居省内领先水平。鲜穗品质与苏玉糯 1 号相仿，但产量优势强、增产幅度达 10% 左右，且抗病性强和苗势旺、成苗率高，即易种好管，在浙江省内各地广为种植。

育种者简介：张赞飞，浙江东阳市人，大学本科，高级农艺师，现任职于东阳市种子公司。主要从事玉米新品种的选育（引进）、试验及推广工作，主持育成的杂交玉米组合有浙糯玉1号、东糯4号和超甜204。

浙糯玉2号

浙糯玉2号（原名黄糯135），系东阳玉米研究所以自交系W41作母本、自交系W04作父本，经杂交配制而成的糯质型玉米单交种。其母本系该所选自普通型玉米自交系"齐401"的糯质同型系；父本源自"黄糯4"低代系，经多代自交选育而成。

2007年10月，该组合通过浙江省品种审定委员会的审定（审定号：浙审玉2007004）。

1. 产量表现

2005年浙江省特种玉米品种区域试验，平均鲜穗亩产805.0千克，比对照苏玉糯1号增11.69%；2006年续试，平均鲜穗亩产698.3千克，比对照苏玉糯1号增11.34%；2007年，参加浙江省特种玉米品种生产试验，平均鲜穗亩产836.6千克，比对照苏玉糯1号增23.0%。

2. 特征特性

该组合株型半紧凑，株高190厘米左右，茎秆粗壮，全株总叶数17片，叶片深绿色，第12叶叶腋着生果穗，穗位高66厘米。穗形长筒型，穗长18厘米，穗粗4.9厘米，每穗行数16行，每行粒数31粒，千粒重321.8克，单穗重224.5克；子粒黄色、半马齿型，排列整齐、致密。经抗性鉴定和品质分析，中抗大叶斑病，感小叶斑病，高感茎腐病和玉米螟。直链淀粉含量3.0%。

属中熟偏早类型组合，需有效活动积温2 100℃左右（出苗～鲜穗采收），即金华和衢州地区作春玉米栽培出苗至鲜穗采

收 85 天左右；作秋玉米栽培出苗至鲜穗采收约 75 天，比对照苏
玉糯 1 号早熟 3～4 天。

3. 栽培技术

(1) 适期播种。浙中平原、丘陵地区作春玉米栽培，一般在
3 月底 4 月初播种；作秋玉米栽培，以 6 月下旬至 7 月底播种为
宜。为使抽雄吐丝期避过盛夏高温，一般不安排在 5 月中旬至 6
月中旬播种。

(2) 隔离种植。浙糯玉 2 号与其他玉米"串花"，当代即改
变糯性、降低品质。因此，要求隔离种植，一般采取空间隔离的
间距在 300 米以上；时间隔离错开"花期"20 天以上。

(3) 合理密植。浙糯玉 2 号株型紧凑、株高适中，可适当提
高种植密度。一般每亩种植密度以 3 800～4 000 株为宜。

(4) 科学管理。施肥做到"施足基肥、早施重施穗肥和增施
有机肥、合理配施磷钾肥"。其中穗肥在可见叶 12 片施用，每亩
用尿素 25 千克。

采用无公害防治技术，控制病虫危害。苗期，对鼠害和蝼
蛄、蛴螬等地下害虫，以 50% 辛硫磷拌种或浇根防治；喇叭口
期，可用 BT 乳剂或巴丹、锐劲特对水灌心防治玉米螟。

做到适期采收，一般春玉米在授粉后 20 天左右；秋玉米约
在授粉后 23 天。

4. 制种要点

金华和衢州制种，可春制，也可秋制。春制，3 月底～4 月
初播种；秋制 7 月 23 日前播种。父母本错期播种，先播母本，
母本出苗后播第一批父本（占 70%），第一批父本播后 5 天播第
二批父本（占 30%）；父母本比例 1∶4，每亩种植母本 3 600
株、父本 900 株。

制种基地周边 400 米内没种植同"花期"玉米或错开"花
期"20 天以上，且光照充足、土质肥沃、排灌方便，能满足制
种需求；对照亲本典型性状，做好田间去杂去劣。抽雄吐丝期，

及时清除母本雄穗、不留残枝和残花；授粉期，做好人工辅助授粉。授粉结束后，将父本全部割除。

技术评价及推广成果：浙糯玉 2 号丰产性甚为突出，且糯性好，果穗穗形精致、色泽黄亮，外观品质佳；植株粗壮，青枝绿叶，易种好管，生育期短、鲜穗上市早，适合全省作春玉米或秋玉米种植。

育种者简介：见超甜 135。

浙糯玉 3 号

浙糯玉 3 号（原名金银糯 135），系东阳玉米研究所以自交系 W41 作母本、自交系 W321 作父本，经杂交配制而成的糯质型玉米单交种。其中 W41 源自普通黄玉米自交系"齐 401"的糯质同型系；W321 系以本地常规糯玉米为基础材料，经多代自交选育而成。

2007 年 10 月，该组合通过浙江省品种审定委员会的审定（审定号：浙审玉 2007005）。

1. 产量表现

2005 年浙江省特种玉米品种区域试验，平均鲜穗亩产 811.4 千克，比对照苏玉糯 1 号增 13.32%；2006 年续试，平均鲜穗亩产 803.89 千克，比对照苏玉糯 1 号增 28.18%；2007 年，参加浙江省特种玉米品种生产试验，平均鲜穗亩产 912.7 千克，比对照苏玉糯 1 号增 34.2%。

2. 特征特性

该组合株型紧凑，株高 180 厘米左右，茎秆粗壮，全株总叶数 17 片，叶片深绿色，第 12 叶叶腋着生果穗，穗位高 60 厘米。穗形长筒型，穗长 21 厘米，穗粗 4.8 厘米，每穗行数 14 行，每行粒数 34 粒，千粒重 358 克，单穗重 248 克；籽粒黄白相间、半马齿型，排列整齐、紧密。经抗性鉴定和品质分析，中抗大、小叶斑病、茎腐病，高感玉米螟。直链淀粉含量 3.1%。

属中熟偏早类型组合，需有效活动积温 2 100℃ 左右（出苗～鲜穗采收），浙中地区作春玉米栽培出苗至鲜穗采收约 85 天；作秋玉米栽培出苗至鲜穗采收 75 天左右，比对照苏玉糯 1 号早熟 3～4 天。

3. 栽培技术

(1) 适期播种。 浙中平原、丘陵地区作春玉米栽培，3 月底～4 月初播种；作秋玉米栽培，6 月下旬～7 月底均可播种。一般不安排在 5 月中旬～6 月中旬播种。

(2) 合理密植。 浙糯玉 3 号株型紧凑，可适当增加种植密度，一般以每亩种植 4 000 株左右为宜。

为防止"串花"、降低品质，采取隔离种植，一般浙糯玉 3 号周边 300 米以内不种植普通型和甜质型玉米或错开"花期"20 天以上。

(3) 科学管理。 根据"施足基肥、早施重施穗肥和增施有机肥、配施磷钾肥"的原则，做到合理施肥，其中穗肥以可见叶 12 片追施，每亩用尿素 25 千克。

以地下害虫和玉米螟为重点，做好病虫害防治工作。蝼蛄、蛴螬和地老虎等地下害虫，可以 50%辛硫磷拌种或对水浇根防治；玉米螟，一般在喇叭口期用 BT 乳剂、巴丹或锐劲特对水灌心。禁止使用高毒高残效农药。

(4) 适期采收。 据经验，以果穗花丝干枯变黑褐色为采收适期，一般春玉米在授粉后 20 天左右；秋玉米在吐丝授粉后 23 天左右。

4. 制种要点

省内制种可春制，也可秋制。春制，3 月底～4 月初播种；秋制 7 月 23 日前播种。父母本错期播种，先播母本，母本出苗后播第一批父本（占 70%），第一批父本播后 5 天播第二批父本（占 30%）。父母本行比 1：4，每亩种植母本 3 600 株左右、父本约 900 株。

制种基地周边 400 米内没有同"花期"玉米或错开"花期"20 天以上，且光照充足，土质肥沃，能灌易排；对照父母本典型特征，做好田间去杂去劣工作。抽雄吐丝期，及时地逐株拔除母本雄穗，不留残株、残枝和残花；授粉期，做好人工辅助授粉。授粉结束后，将田间父本全部割除。

技术评价及推广成果：浙糯玉 3 号产量优势十分明显，且鲜穗的食用品质和外观品质均佳；植株紧凑粗壮、枝叶浓绿，易种好管，生育期短、鲜穗上市早，适宜全省各地作春玉米或秋玉米栽培。

育种者简介：见超甜 135。

水稻类

金华市特色品种选育及其推广应用

金 早 47

金早 47，系金华市农科所（院）以中 87 - 425 作母本、陆青早 1 号作父本，经杂交选育而成的常规早籼品种。2001 年通过浙江省农作物品种审定委员会的审定（审定号：浙品审字第 227号）。

1. 产量表现

1998 年金华市早稻品种区域试验，平均亩产 460.5 千克，比对照浙 733 增产 8.99％；1999 年续试，平均亩产 449.0 千克，比对照浙 733 增产 14.25％。同年，参加金华市早稻品种生产试验，平均亩产 415.0 千克，比对照浙 733 增产 4.61％。

据生产调查，一般直播栽培亩产 450 千克左右，高产田可达600 千克。

2. 特征特性

该品种株型较紧凑，株高 82 厘米左右，茎秆粗壮，叶姿挺笃，剑叶较短，叶片较厚，叶色深绿，苗期较耐寒，后期耐高温，耐肥抗倒，分蘖力中等，一般每亩有效穗数 18 万～22 万。穗大粒多，穗长 18 厘米左右，每穗总粒数 124 粒、实粒数约100 粒，结实率 80％左右，千粒重 25 克，着粒密，谷粒椭圆，穗颈节较粗、且外露部分较长。属中熟早籼类型，全生育期育苗移栽的 110 天左右；直播栽培的约 105 天。

据农业部稻米及制品质量监督检验测试中心检测，糙米率80.4％、精米率 72.4％、整精米率 60.4％、直链淀粉 21.5％。其中整精米率和直链淀粉含量较高，适合作工业或加工用粮；经浙江省农科院植保所抗性鉴定，叶瘟平均为 0.1 级，穗瘟平均为0.6 级。田间表现为轻感纹枯病，易感恶苗病。

3. 栽培技术

(1) 浸种消毒，培育壮秧。金早 47 苗期易感水稻恶苗病，故在播种前，必须选用 80% "402" 或浸种灵等药剂浸种消毒 36～48 小时，以免除恶苗病的发生与危害。

一般冬闲田早稻在 3 月底～4 月初播种，采取尼龙覆盖或温室塑盘育秧，秧龄 20～30 天；春花田早稻 4 月 10 日左右播种，每亩秧田控制播种量 35～40 千克，秧龄在 30 天以内，培育带蘖壮秧。直播栽培的，一般以 4 月 5～10 日播种为宜，每亩大田播种子 5～6 千克。

(2) 合理密植，增丛增穗。一般在 4 月中下旬抛秧或移栽，移栽的，种植密度 16.5 厘米×20 厘米，每亩栽种 2 万丛以上，丛栽 4～5 本；抛秧的，做到抛高抛匀，扶苗补缺。即每亩落田苗达到 10 万以上。

(3) 科学施肥，早管促早发。每亩施纯氮 12 千克左右，并按氮 1∶磷 0.5∶钾 0.8 比例施足磷、钾肥。根据 "足施基肥、早施蘖肥和巧施穗肥" 原则，做到前期促蘖争足穗、中期壮秆孕大穗，后期保叶增粒重。

(4) 调控水浆，防治病虫杂草。移栽本田后，前期浅水勤灌促分蘖、促早发；中期适时适度搁田控苗。其中抛秧和直播的田块，务必挖通丰产沟，采取多次搁烤田，以控制群体、防止倒伏；后期干湿交替，以湿为主，以期养根、保叶、壮籽，防止过早断水、早衰减产。

根据当地病虫发生情报，及时防治二化螟、稻纵卷叶螟和纹枯病以及控制田间杂草。采取抛秧和直播栽培的，要求在抛秧或播种后 7 天内，选择 "直播净" 等对口除草剂进行化学除草。

技术评价及推广成果：金早 47 丰产性好、商品性佳、抗稻瘟病和适应性广。截止 2005 年底，浙江、江西和安徽等地推广面积达 500 余万亩，为浙江省的早稻主栽品种。

2003 年，"优质专用早籼金早 47 的选育与推广" 项目，获金华市科技进步一等奖；2004 年，"优质专用早籼金早 47 的选育与推广"项目，获浙江省科技进步三等奖；2005 年，"浙中盆地百万亩高产优质专用早籼金早 47 的推广应用"项目，获浙江省农业丰收一等奖。

育种者简介：鲍正发，金华市婺城区人，大学本科，农技推广研究员，金华市科技标兵，金华市劳动模范，现任职于金华市农科院作物所，长期从事水稻育种工作，育成的常规早籼品种有金早 47、金早 22、金早 50 和金辐 48。

金 早 22

金早 22，系金华市农科所（院）以金 87-38 作母本、鉴 89-72 作父本，经杂交选育而成的常规早籼品种。1998 年通过浙江省农作物品种审定委员会的审定（审定号：浙品审字第 171 号）。

1. 产量表现

1995 年金华市早稻品种区域试验，平均亩产 401 千克，比对照浙 733 增 14.5％；1996 年续试，平均亩产 487.6 千克，比对照浙 733 增 7.6％。同年，参加金华市早稻品种生产试验，平均亩产 486 千克，比浙 733 增 6.7％。

据生产调查，一般直播栽培的亩产 450 千克左右，高产田可达 650 千克。

2. 特征特性

该品种株型紧凑，株高 80 厘米左右，茎秆粗壮，叶姿挺笃，剑叶较长，叶色较深，苗期较耐寒，后期耐高温，分蘖力中等偏弱，一般每亩有效穗 18 万～23 万。穗型较大，穗长 19 厘米左右，每穗总粒数 90 粒、实粒数约 80 粒，结实率 85％左右，千粒重 30 克，谷粒粗长型，穗顶谷粒偶有短芒。属中熟偏迟类型，全生育期育苗移栽的 111 天左右；直播栽培的约 105 天。

据农业部稻米及制品质量监督检验测试中心检测，糙米率80.3%、精米率73%、整精米率44.4%、长宽比2.7、直链淀粉含量24.3%、蛋白质含量10.9%，适合作工业或加工及饲料用粮；经浙江省农科院植保所抗性鉴定，叶瘟平均为2.0级、穗瘟平均0.2级，中抗稻瘟病。

3. 栽培技术

（1）**适期播种，稀播壮秧。**冬闲田或绿肥田早稻，一般在3月底～4月初播种，采用覆膜育秧或温室塑盘育秧，每亩秧田播种子40～50千克，秧龄20～30天，4月中、下旬移栽或抛秧；春花田早稻，以4月10～15日播种为宜，每亩秧田播种子35～40千克，秧龄30天以内，培育带蘖壮秧。直播栽培的，要求在4月5～10日播种，每亩本田播种子5～6千克。

（2）**合理密植，增丛增穗。**金早22分蘖力中等偏弱，栽培上要适当提高种植密度。一般采取育秧移栽的行株距16.5厘米×20厘米，每亩栽种2万丛以上、每丛插秧4～5本；抛秧栽培的，每亩抛足落田苗10万～12万；点直播的播种密度为16.5厘米×16.5厘米或13.2厘米×23.3厘米。

（3）**平衡施肥，早管促早发。**金早22需肥量较大，适宜选择肥力水平较高田块种植，每亩施纯氮12千克左右，并按氮1：磷0.5：钾0.8比例施足磷、钾肥。与此同时，做到施足基肥、早施蘖肥和看苗适施穗肥。

（4）**调控水浆，防治病虫草。**灌水做到前期浅水灌溉，促进分蘖早生快发；中期适时适度搁烤田，控制无效分蘖，提高成穗率；后期干干湿湿，以湿为主，养根保叶、壮籽，防止过早断水、早衰。

根据当地病虫发生情报，选择对口农药，及时防治二化螟、稻纵卷叶螟和纹枯病。采取直播和抛秧栽培的，必须抓早、抓好田间化学除草工作。

技术评价及推广成果：金早22穗型较大，千粒重高，耐肥抗倒，稳产性好，曾创造了直播和抛秧栽培亩产超过 650 千克的高产纪录。

"九五"期间，浙江和江西等地累计推广面积达 100 余万亩，浙江以金华、衢州、丽水和温州部分县（市）为主要种植区域。

1999 年，"金早 22 高产示范与推广"项目，获金华市农业丰收一等奖；2000 年，"早籼金早 22 选育及高产栽培技术研究"项目，获金华市科技进步一等奖。

育种者简介：见金早 47。

金　早　50

金早 50，系金华市农科所（院）以金 87‑38 作母本、鉴 89‑72 作父本，经杂交选育而成的常规早籼品种。2000 年通过浙江省农作物品种审定委员会的审定（审定号：浙品审字第 202 号）。

1. 产量表现

1997 年浙江省早稻品种区域试验，平均亩产 472.8 千克，比对照浙 733 增 2.6％；1998 年续试，平均亩产 460.7 千克，比对照浙 733 增 7.99％；1999 年，参加浙江省早稻品种生产试验，平均亩产 410.0 千克，比对照浙 733 增 12.8％。

据大田调查，金早 50 直播栽培，一般亩产 450 千克左右，高产田可达 550 千克以上。

2. 特征特性

该品种株型紧凑，株高 80 厘米左右，茎秆粗壮，剑叶挺且较阔，叶色较深，苗期耐寒性好，分蘖力中等，成穗率高，一般亩有效穗 25 万左右。每穗总粒数 95 粒左右、实粒数 80 粒左右，结实率 80％以上，千粒重 27 克，着粒密，谷粒椭圆型，糙米呈浅红色。属迟熟早籼类型，全生育期为 111 天左右。

据农业部稻米及制品质量监督检验测试中心检测，糙米率

80.4％、精米率 71.6％、整精米率 55.1％、直链淀粉 21.6％，其中整精米率和直链淀粉含量较高，适合作工业或加工用粮；经浙江省农科院植保所抗性鉴定，抗稻瘟病、中抗白叶枯病。

3. 栽培技术

(1) **适时播种，培育壮秧。**冬闲、绿肥田早稻以 3 月底播种为宜，采用薄膜覆盖半旱秧或温室塑盘育秧，到 4 月中、下旬移栽或抛秧；油菜（麦）田早稻，在 4 月 10 日前后播种，每亩秧田播种量为 35～40 千克，控制秧龄 30 天以内，培育带蘖壮秧。直播栽培的，一般在 4 月 5～10 日播种，每亩播种量为 5 千克。

(2) **合理密植，增丛增穗。**移栽的田块，采用少本密株栽培，一般种植密度 16.5 厘米×20 厘米，每亩栽种 2 万丛左右，丛栽 4～5 本；直播或抛秧栽培，每亩保证基本苗达 10 万左右，以求高峰苗 30 万左右、每亩有效穗 25 万以上。其中点直播的播种密度可参照移栽田块。

(3) **合理施肥，早管促早发。**一般每亩施纯氮 12 千克左右，合理配施磷、钾肥，增施有机肥。做到施足底面肥、早施分蘖肥、后期看苗适施穗肥，以求前期促蘖争足穗、中期壮秆孕大穗、后期保叶增粒重。

(4) **调控水浆，防治病虫草。**灌水做到前期浅灌勤灌，促进分蘖早生快发；中期及时搁田，控苗壮秆。抛秧或直播的田块，采取多次搁田，以控制群体、提高成穗率及防止倒伏；后期湿润灌溉，干干湿湿，养根保叶壮籽，防止过早断水、早衰。

根据当地病虫发生情报，及时防治二化螟、稻纵卷叶螟和纹枯病以及控制田间杂草。同时注意做到收获、防止割青减产。

*技术评价及推广成果：*金早 50 穗型较大，千粒重较高，耐肥抗倒，抗稻瘟病，中抗白叶枯病，高产稳产，适合浙江、江西和湖南等地作早稻栽培。据统计，2000—2001 年累计栽培面积达 5 万余亩。

*育种者简介：*见金早 47。

金 辐 48

金辐48，系金华市农科所（院）以金科5号干种子作钴60-γ射线辐射诱变处理后，经系统选育而成的常规早籼品种。1989年，经金华市农作物品种审定小组审定后，于1993年通过浙江省农作物品种审定委员会的认定（认定号：浙品认字第168号）。

1. 产量表现

1987年金华市早稻品种区域试验，平均亩产466.5千克，比对照广陆4号增4.8％；1988年续试，平均亩产396.4千克，比对照广陆4号增0.8％；1989年，参加金华市早稻品种生产试验，平均亩产428.6千克，比对照广陆4号增7.68％。

2. 特征特性

该品种株型较松散，株高80厘米左右，茎秆粗壮，叶片较窄、略内卷，苗期较耐寒，后期耐高温，耐肥抗倒，分蘖力中等偏强，一般亩有效穗28万左右。穗型中等，着粒较稀，每穗总粒数70粒以上、实粒数60粒左右，结实率85％以上，千粒重28克左右。纹枯病较轻，感稻瘟病。据中国水稻所谷化系米质检测，出糙率81％、精米率72％、糊化温度3（碱值）、胶稠度65mm、直链淀粉含量23.1％。

属中熟偏迟类型，全生育期绿肥田茬口为115天左右；春花田茬口约102天。

3. 栽培技术

（1）适期播种，稀播壮秧。金辐48绿肥茬口栽培，在3月底～4月初播种，采取低架覆膜育秧，4月底～5月初移栽，秧龄30～35天，叶龄5～6叶，每亩秧田播种60～75千克、大田用种6～7.5千克；早熟春花田茬口栽培，4月10～15日播种，每亩秧田播种40～45千克，控制秧龄在30天以内，培育带蘖壮秧。

(2) 合理密植，确保基本苗。一般要求种植密度 16.5～20 厘米×16.5 厘米，每亩栽足 2 万～2.4 万丛，每丛插秧 6 本左右，即每亩基本苗达到 12 万～15 万。

(3) 促控结合，科学施肥。根据"前期促蘖增苗、中期控蘖壮秆和后期保叶增重"原则，一般要求每亩施标准肥 2 500～3 500 千克，合理配施磷、钾肥。具体方法：耙平田面后每亩施碳酸氢铵 40 千克、过磷酸钙 20 千克作耙面肥；移栽后 5～7 天，每亩追施尿素 10～12 千克、氯化钾 5～6 千克；分蘖末期至剑叶露尖，对叶色落黄、缺肥的田块，每亩补施尿素 3～5 千克。

(4) 合理灌溉，防治病虫草。灌水做到前期浅水勤灌，促进分蘖早生快发；当每亩总苗数达到 40 万时，看天、看苗适时适度烤田，控制无效分蘖，提高成穗率；灌浆后，做到干干湿湿，养根保叶。

根据当地病虫发生情报，及时防治病虫和控制田间杂草，其中重点抓好二化螟、稻纵卷叶螟、纹枯病和稻瘟病的药剂防治工作。

技术评价及推广成果：金辐 48 分蘖力较强，结实率和千粒重较高，耐肥抗倒，适合浙江中西部地区种植，尤以肥力水平较高的田块为佳。据统计，截止"八五"期末，金华、兰溪、义乌、东阳、衢县和江山等市（县）累计推广达 80 余万亩。

1990 年，"早籼高产品种金辐 48 选育与示范推广"项目，获金华市科技进步二等奖。

育种者简介：见金早 47。

婺青 2 号

婺青 2 号，系金华市农科所（院）以甲薏 80 - 2（采用甲农糯和米仁进行远缘杂交的后代材料）作母本、靖江早 1 号作父本，经杂交选育而成的常规早籼品种。于 1994 年通过浙江省农作物品种审定委员会的审定（审定号：浙品审字第 109 号）。

1. 产量表现

1990 年金华市早稻品种区域试验，平均亩产 454 千克，比对照辐 8—1 增 7.45%；1991 年续试，平均亩产 422.5 千克，比对照辐 8—1 增 1.39%；1992 年，参加金华市早稻品种生产试验，平均亩产 450.3 千克，比对照辐 8—1 增 4.8%。

据生产调查，绿肥田茬口栽培，一般亩产 450 千克左右，高产田可达 550 千克以上。

2. 特征特性

该品种株型紧凑，株高 80～90 厘米，茎秆粗壮，剑叶挺拔，叶色青绿，苗期较耐寒，后期耐高温，青秆黄熟，分蘖力中等偏强，一般每亩有效穗 28 万左右。每穗总粒数 95 粒左右、实粒数约 80 粒，结实率 85% 以上，千粒重 26 克左右，谷粒椭圆型，颖壳黄亮、偶有短芒。属迟熟早籼类型。全生育期绿肥田茬口在 118 天左右；油菜（麦）田茬口约 105 天左右。

据中国水稻所谷化系米质检测，糙米率 81.3%、精米率 72.7%、整精米率 53.7%、碱消值 4 级、胶稠度 88mm、直链淀粉 25.7%；经浙江省农科院植保所鉴定，叶瘟平均级 4.2 级、穗瘟平均级 4.6 级，即感稻瘟病。

3. 栽培技术

（1）适期早播、早栽。绿肥田茬口栽培，一般在 3 月下旬播种，采用地膜覆盖；早"三田"茬口栽培，4 月初播种；迟"三田"茬口栽培，4 月 15 日前后播种。每亩秧田播种 40～50 千克，大田用种 7.5 千克，控制秧龄在 30～40 天。

（2）少本密植。一般要求种植密度 16.5 厘米×16.5 厘米或 20 厘米×13.2 厘米，每亩栽种 2.5 万丛左右、丛插秧 7～8 本，即每亩落田苗达到 15 万左右，争取有效穗 28 万左右。

（3）栽培管理。移栽返青后，前期以浅灌为主、促进早发，增加有效分蘖数；当每亩总苗数达到 25 万～30 万时，及时排水搁田 3～5 天，以控制无效分蘖、提高成穗率；齐穗后，采取干干湿湿、以湿为主，达到养根保叶增粒重。

一般每亩施纯氮 10～11 千克，合理配施磷、钾肥。分配上要求基肥占 60% 以上、蘖穗肥占 40% 左右，做到早施分蘖肥、看苗适施穗粒肥。同时，根据当地病虫发生情报，及时防治二化螟、稻纵卷叶螟、纹枯病和稻瘟病，其中重点是稻瘟病的药剂防治工作。

技术评价及推广成果：婺青 2 号成熟期较迟，增产潜力大，稳产性好，适宜在浙江中西部地区作早稻的搭配品种种植。据统计，"九五"期间，金华、衢州等地累计推广面积达 50 余万亩。

1993 年，"早籼婺青 2 号的选育和示范推广"获金华市科技进步四等奖。

育种者简介：王祥根，江西广丰县人，大学本科，农技推广研究员，任职于金华市农科院（所）。主要从事农作物栽培技术的引进、研究与应用（已退休），获得科技成果多项，其中浙江省科技进步二等奖 1 项、三等奖 1 项和浙江省农业丰收一等奖 1 项。

早 籼 6713

早籼 6713，系金华市农科所（院）以广陆矮 4 号作母本、71-72A×黄壳油占作父本，经杂交选育而成的常规早籼品种，于 1979 年定型，曾在金华、衢州和上海的奉贤县等地推广面积较大。

1. 产量表现

1980 年金华地区早稻品种区域试验，平均亩产 451.9 千克，比对照广陆矮 4 号增 5.4%；1981 年续试，平均亩产 469.6 千克，比对照广陆矮 4 号增 4.4%。据大田调查，作绿肥田早稻种植，一般亩产 400 千克以上，高产田亩产可达 500 千克。

2. 特征特性

早籼 6713 株型适中，株高 72.2 厘米，茎秆坚韧，叶色青绿，分蘖力较强，一般每亩有效穗 32 万左右。每穗总粒数 73.6 粒、实粒数 62.8 粒，结实率 85% 左右，千粒重 24.2 克。谷粒椭圆型，颖壳黄色，整精米率较高。前期较耐寒，后期耐高温、熟相好。易感恶苗病，中感稻瘟病，纹枯病较重。

属迟熟早籼类型，金华和衢州地区作绿肥田早稻种植，全生育期 114 天左右，比对照广陆矮 4 号短 2～3 天。

3. 栽培技术

（1）适期播种，培育壮秧。作绿肥田早稻栽培，一般在 3 月下旬播种。采用地膜覆盖，每亩秧田播种量 75 千克；作油（麦）田早稻栽培，4 月 5～10 日播种，控制秧龄 30 天以内，每亩秧田播种量 30～40 千克，培育带蘖壮秧。

（2）合理密植，种足苗数。移栽行株距以 20 厘米×13.2 厘米或 16.5 厘米×16.5 厘米为宜，每亩栽种 2.5 万丛，每丛插秧 5～7 本，每亩落田苗 15 万左右，争取有效穗 30 万以上。

（3）协调肥水，早管早发。一般每亩施标准肥 2 500 千克左右，其中基肥占 60%、追肥占 40%。注意增施磷钾肥，做到早施分蘖肥、看苗适施穗粒肥。

水浆管理，分蘖期浅灌为主，以促进早发，当每亩总苗数达 30 万左右时，及时排水搁田、控制无效分蘖，提高成穗率。灌浆期做到干干湿湿，以湿为主，防止断水过早。

（4）适期防治，控制病虫害。播种前，采用"402"药剂浸种消毒，防止恶苗病。根据当地病虫发生情报，选择对口农药，做好二化螟、稻纵卷叶螟、纹枯病和稻瘟病的防治工作。

技术评价及推广应用成果：早籼 6713 丰产性好，生育期短，抗逆性强，后期转色好、不早衰，适宜浙中盆地作绿肥田早稻种植。"六五"期间，金华和衢州地区累计推广应用面积达 50 余万亩。

1983 年，获得金华地区科技成果四等奖。

育种者简介：徐柏初，浙江东阳市人，大学本科，高级农艺师，任职于金华市农科所（院），主要从事水稻育种和科研管理工作，早籼 6713 系其主持的早籼育种课题组育成。

71 早 1 号

71 早 1 号，系永康县（市）农科所选育的迟熟早籼品种，其亲本为红梅早和引自广东省新会县农民育种家邓炎棠育种圃的原始材料"721"。上世纪 80 年代末，71 早 1 号入选中国稻种资源库。

1. 产量表现

1978 年永康县多点（山区、丘陵、平原）试验，平均亩产 431.1 千克，比对照广陆矮 4 号增 5.3%。据生产试种，永康县平均亩产 486.85 千克，比对照广陆矮 4 号增 4.9%；开化县平均亩产 453 千克，比对照广陆矮 4 号增 7%；常山县平均亩产 381.25 千克，比对照广陆矮 4 号增 5.3%。

1979 年，经永康县多点（山区、丘陵、平原）试验，平均亩产 440.9 千克，比对照广陆矮 4 号增 3%。当年永康县种植 71 早 1 号 500 余亩，其中黄店公社街头大队农科队的 1.03 亩，平均亩产达 503.25 千克；四路公社农科站的 2.05 亩，平均亩产 546.5 千克。

1980 年，永康县种植 71 早 1 号近万亩，普遍获得丰产丰收。其中芝英公社先锋一队种植 20.5 亩，平均亩产 468 千克；农科所种植 10.19 亩，平均亩产 433.2 千克；清溪农科站种植 5.9 亩，平均亩产 412.7 千克。

2. 特征特性

该品种株型紧凑，株高 83.7 厘米，茎秆粗壮，叶姿挺拔，叶色中绿，分蘖力较强。每穗总粒数 70.3 粒、实粒数 58 粒左右，结实率 82%，千粒重 25.4 克，谷粒长椭圆型。植株清秀，青秆黄熟，纹枯病较轻，但苗期耐寒性偏弱和高肥易倒伏。

属迟熟类型品种，在金华作绿肥田早稻栽培全生育期约 117 天；作"三田"早稻栽培全生育期 105 天左右。

3. 栽培技术

（1）适期播种。 作绿肥田早稻栽培，一般在 3 月底前抓住"冷尾暖头"催芽播种。采取"尼龙"育秧的，可提早到 3 月 20 日前后播种；作早熟"三田"栽培，在 4 月 10～15 日播种，注意稀播育壮秧。

（2）合理密植。 一般要求行株距 15 厘米×18 厘米或 18 厘米×18 厘米，每亩栽种 2 万丛以上，每丛插 5～6 本，即基本苗 10 万以上，争取每亩有效穗达 20 万左右。

（3）调控肥水。 从总体上说，肥水管理做到"前促、中控、后稳"。即移栽返青后，采取早施分蘖肥和灌浅水、适度落干等措施，促进分蘖早生快发；足苗后，及时搁田控制无效分蘖和促根壮秆、攻大穗；复水后，根据田间苗情可适当补追肥。孕穗期，注意浅水"养胎"；灌浆结实期，做到活水灌溉、防止断水过早，以养根护叶，增粒增重。

（4）防治病虫。 采取综合措施，控制病虫鼠草的危害，重点抓好二化螟、稻纵卷叶螟和纹枯病的防治。注意把握防治适期和选择对口农药，以确保防治质量。

技术评价及推广成果：71 早 1 号产量优势明显，抗病性较好，熟期适中，尤以植株生长清秀、熟相好最为突出，适合中低肥地区种植，主要分布于金华和衢州地区。据资料，1981—1989 年全省累计种植面积为 47.96 万亩，曾为永康县（市）早稻主栽品种之一。

1980 年获金华市科学技术进步奖三等奖。

育种者简介：叶泽光，浙江青田县人，中专，高级农艺师，任职于金华市农业技术推广站（已退休），长期从事农业技术推广工作，曾育成早籼新品种 71 早 1 号；试验并推广了"早稻育秧地膜覆盖不催芽播种"技术。获浙江省农业丰收一等奖 1 项、浙江省农业技术改进三等奖 1 项和农业部技术改进三等奖 1 项；发表专业论文多篇，其中"论我国耕作制度演变的基本规律"获农业部农技推广奖章。

天禾 1 号

天禾 1 号，系金华市天禾生物技术研究所和金华三才种业公司合作选育的常规早籼品种，其母本为中籼金恢 88、父本系早籼浙 3。于 2004 年通过浙江省品种审定委员会的审定（审定号：浙品审字 2004005）。

1. 产量表现

2002 年金华市早籼品种区域试验，平均亩产 400 千克，比对照嘉育 948 增 8.7%，差异达极显著水平；2003 年续试，平均亩产 451.3 千克，比对照嘉育 948 增 11.08%，差异达极显著水平。同年，参加金华市早籼品种生产试验，平均亩产 400.5 千克，比对照嘉育 948 增 4.76%。

2003 年，婺城区长山乡杨林村连片种植 20 亩，经测产验收，平均亩产 470 千克。其中朱土金户的 1.5 亩平均亩产达 554.7 千克。

2. 特征特性

该品种株型较紧凑，株高 82 厘米左右，主茎总叶数 12~13 片，叶姿挺拔，苗期较耐寒，生长势旺，分蘖力中等，每亩有效穗 21.5 万。每穗总粒数 112~122 粒、实粒数 92.3~98 粒，结实率 80%~86%，千粒重 25 克，谷粒椭圆型。属中熟偏迟类型，在金华、衢州和丽水地区栽培全生育期 110 天左右。

据农业部稻米及制品质量监督检验测试中心检测，糙米率 77.7%、精米率 67.5%、长宽比 2.2、直链淀粉 25%、蛋白质

10.7%；经浙江省农科院植保所抗性鉴定，中抗稻瘟病和白叶枯病。

3. 栽培技术

（1）精细整畦，适期播种。天禾1号作直播稻栽培，一般在4月5日前后播种。播种前，抢晴天晒种1～2天；选用"浸种灵"或其他药剂，浸种消毒48小时；经清水漂洗后，采用温汤淘种、保温催芽至露白。每亩大田用种5千克左右。精细整地，做到田面平整、寸水不露泥；畦平、沟清，泥浆呈悬浮状态。

（2）化学除草，防草荒。播种前，每亩用"直播净"45～60克对水作畦面喷洒；到2叶1心期，每亩再用60克丁苄除草一次。此后，根据田间杂草发生情况，可选用卞磺隆或丁草胺进行杀除。

（3）协调肥水，防治病虫。播种前，一般每亩基施碳酸氢氨25千克、过磷酸钙25千克；到2叶1心期，每亩施尿素10千克、氯化钾10千克。倒2叶露尖时，根据苗情适当追施穗肥。

水浆管理，一般在2叶1心前不灌水上畦，做到晴天半沟水；雨天排干水。当天气晴热、畦面过干，可灌"跑马水"。到2叶1心期，畦面建立浅水层，促进分蘖。待足苗后，要及时排水搁田。

根据当地病虫发生情报，选择对口农药，做好二化螟、稻纵卷叶螟和纹枯病的防治工作。

技术评价及推广成果：天禾1号丰产性好，适应性广，尤其适用于轻型栽培技术及机械化作业，其稻谷商品性好，适合作加工用粮。目前，省内各地均有种植，其中金华、衢州和丽水等地推广面积达35万亩；安徽、江西等地应用面积也达30余万亩。

育种者简介：蔡后銮，浙江洞头县人，大学本科，高级农艺师，金华市第二批专业技术拔尖人才，金华市天禾生物技术研究所创办人，任职于金华农业学校（金华职业技术学院生物工程学院的前身），曾长期从事水稻育种和良种繁育与推广工作，现已退休。

八 宝 糯

八宝糯，系永康县（市）农科所选育的常规晚粳糯品种，其母本系八金468与矮秆稻的杂交后代（F_6）；父本为引自日本的高抗稻瘟病品种城堡1号，于1989年通过金华市农作物品种审定小组的审定（审定号：金品审字[1989] 5号）。

1. 产量表现

1987年金华市常规晚粳（糯）品种区域试验，平均亩产402.5千克；1988年续试，平均亩产403千克，均与对照祥湖25相仿。

1996年，永康市种粮大户金圣有种植八宝糯（连晚）50亩，平均亩产453千克。1999年，永康舟山镇道坦二村种植八宝糯（连晚）150亩，平均亩产411.2千克。2000年，永康芝英镇桥里村胡德驮种植八宝糯（单晚）18亩，平均亩产500千克，亩产变幅450～550千克。

2. 特征特性

该品种属半矮生型，株型紧凑，株高80厘米左右，茎秆细韧，叶片较薄，叶色翠绿，分蘖力较强，每亩有效穗25万～30万。每穗总粒数88.4粒，结实率91%，千粒重25克，谷粒椭圆型，米粒洁白、饱满，糯性和商品性好。据中国稻米及制品质量监督检验测试中心检测，除粒长指标之外，其余指标均达优质米一级和二级标准，酿酒糟少、出酒率高。矮秆抗倒，较抗稻瘟病，易感恶苗病、稻曲病和白叶枯病。属中熟晚糯类型，全生育期138天左右。

3. 栽培技术

（1）适期播种，培育壮秧。八宝糯作连晚栽培，一般在6月

20～30 日播种，秧龄 30 天左右；作单晚栽培，6 月上旬播种，6 月下旬移植，播种不宜过早，以免增加栽培管理难度和降低糯米品质。

每亩秧田播种量 15～20 千克；大田用种 1.5～2 千克，秧本比 1∶10。采用抛秧栽培，每亩用种量 2.5 千克，秧龄控制在 30 天以内。

（2）调控肥水，科学管理。 该品种需肥量较大，一般每亩施纯氮 8～10 千克，配施氯化钾 7.5 千克、过磷酸钙 15 千克。灌水做到浅水分蘖、足苗搁田、持水养胎和活水到老。八宝糯对除草剂反映较敏感，需注意防止药害。

（3）及时用药，防治病虫。 八宝糯易感水稻恶苗病和稻曲病，播种前，采用"402"作浸种消毒处理，防治恶苗病；始穗前 7～10 天，以多菌灵 800 倍液防治稻曲病。在此基础上，根据当地病虫发生情报，及时防治二化螟、稻纵卷叶螟、褐稻虱和白叶枯病。

（4）适时割晒，确保品质。 八宝糯成熟期较杂交籼稻晚，需待完熟后再收获，切忌割青。同时做到随割随晒，避免湿谷堆放、谷堆"发烧"，降低糯米品质。

技术评价及推广成果：八宝糯丰产性好，耐肥抗倒，抗稻瘟病，尤以糯米品质最为突出，得到省内外市场的普遍认同，1992 和 1994 年获得全国优质农产品销售奖。据统计，全省累计栽培面积达 30 余万亩，新增农民收入 9 800 余万元。

1990 年，"八宝糯品种选育与推广"项目，获金华市科技进步二等奖；1998 年，"八宝糯提纯复壮"项目，获永康市科技进步三等奖。

育种者简介：王宝勇，福建安溪县人，大学本科，高级农艺师，原任职于永康市（县）农科所，长期从事农作物品种和栽培技术的引进（选育）、试验及推广工作。

获得金华市劳动模范、浙江省优秀农业科技人员、金华市第

二批中青年专业技术拔尖人才和永康市优秀中青年专业技术拔尖
人才等荣誉。

晚　青　32

晚青 32，系永康县（市）农科所以早熟晚籼衢晚 1 号作母
本、迟熟早籼温选青作父本，经杂交选育而成的常规晚籼品种，
曾在全省作连作晚稻广泛推广种植。

1. 产量表现

1980—1982 年多点品比试验，平均亩产 408.6 千克，比
对照汕优 6 号增 5.2%。1982 年，参加金华地区大区试验，据
10 个试点统计，平均亩产 445.6 千克，比对照汕优 6 号
增 2.37%。

1981 年，受"寒露风"影响，致使晚稻普遍减产。但永康
县调查 23 个单位 85.98 亩晚青 32，平均亩产 294.9 千克，比同
期的汕优 6 号增产 14.1%。1982 年永康县种植晚青 32 达 3.8 万
亩，据 6 个区调查统计，平均亩产 439.1 千克，比对照汕优 6 号
增 2.0%。其中县良种场 45.39 亩晚青 32，平均亩产 464.2 千
克，比对照汕优 6 号增 1.8%；高产田 1.91 亩，平均亩产达
554.7 千克。

2. 特征特性

植株松散适中，株高 90 厘米，茎秆粗壮，叶片较挺、略内
卷，叶色中绿，分蘖力较强。每穗总粒数 101 粒，结实率 84%
左右，千粒重 33 克，出糙率达 83.4%。"花期"耐寒性强，且
秧龄弹性大、耐迟栽。据试验，在同期播种、迟栽（8 月 4 日）
的条件下，晚青 32 主茎早穗率为 0，但对照汕优 6 号，主茎早
穗率高达 43%。

属早熟晚籼类型，感光性较强，在金华作连作晚稻种植全生
育期 125 天左右。

3. 栽培技术

(1) 适期播种，培育壮秧。晚青 32 在金华作连作晚稻栽培，以 6 月 25 日前后播种为宜，每亩本田用种 1.5～2.5 千克。稀播壮秧，每亩秧田播种 15～25 千克，做到定畦定量、稀播匀播，控制秧龄 40 天以内，抓好肥水管理和防病治虫。

(2) 合理密植，种足落田苗。一般要求行株距 23.3 厘米×23.3 厘米，每亩种植 1.3 万丛左右，丛插双本带蘖秧，争取落田苗 8 万左右、有效穗 17 万以上。

(3) 协调肥水，防治病虫。一般每亩施纯氮 12 千克、五氧化二磷 3.3 千克、氧化钾 7 千克，做到重施基肥、早施分蘖肥和看苗补施穗粒肥。灌水，根据"深水护苗、浅水发棵、适时搁田、灌水养胎和活水到老"的原则，重点做好足苗搁田、控制无效分蘖和避免灌浆后期断水过早。

根据当地病虫发生情报，做好二化螟、稻纵卷叶螟、褐稻虱、稻瘟病和白叶枯病的防治工作。

技术评价及推广成果：晚青 32 产量优势十分明显，且易种、好管，做到土壤肥力和栽培管理水平高的能增产、低的也能稳产。据资料，1981—1985 年金华、衢州和温州种植面积达 11.2 余万亩，安徽的安庆市和江西万年县也组织大面积推广种植。

1982 年，获永康县科技进步奖二等奖；1983 年，获金华地区科技进步四等奖。

育种者简介：见八宝糯。

金 湘 晚 粳

金湘晚粳，系永康县（市）农科所以金垦 19 作母本、湘粳 11 作父本，经杂交选育而成的常规晚粳品种。曾在金华、丽水地区作"三熟制"晚稻的搭配品种推广应用。

1. 产量表现

1977—1985 年，经永康县农科所组织品比试验，平均亩产 376.2 千克，比对照农虎 6 号增 11.6％。

一般大田亩产 400 千克左右，高产田可达 550 千克以上。例如，1978 年永康县良种场迟至 8 月 7 日种植金湘晚粳 2.9 亩，平均亩产 483.2 千克；1984 年永康县烈桥乡马宅村徐福钦户种植的金湘晚粳，平均亩产 555.9 千克。

2. 特征特性

属半矮生型，植株紧凑，株高 80.3 厘米，茎秆坚韧，叶片挺直、宽 1.3 厘米，比对照农虎 6 号宽 0.3 厘米，且叶片内卷呈半筒型，投影面积小，透光性好，叶色深绿。分蘖力较强，成穗率较高，一般每亩有效穗达 30 万左右。穗长 14.8 厘米，每穗总粒数 57.6 粒，结实率 84.0％；千粒重 28.4 克，谷粒椭圆型、无芒。

3. 栽培技术

(1) 适期播种，培育壮秧。金湘晚粳在金华作"三熟制"晚稻栽培，一般在 6 月 25 前后播种、7 月下旬至"立秋"边移栽。每亩秧田播种量为 25 千克；每亩本田用种量 2.5 千克，做到定畦定量、精播匀播。并加强肥水管理和防病治虫工作，以培育健壮秧。

(2) 合理密植，种足苗数。一般种植密度为 18 厘米×18 厘米，即每亩移栽 2 万丛以上，丛插 10 本左右，争取落田苗 20 万以上、有效穗 30 万左右。

(3) 协调肥水，防治病虫。一般每亩施纯氮 12 千克左右，合理配施磷、钾肥。做到重施基面肥、早施分蘖肥和看苗补施穗粒肥。灌水要求深水护苗、浅水发棵、适时搁田、持水养胎和活水灌浆，切忌后期断水过早。

根据当地病虫发生情报，及时防治二化螟、稻纵卷叶螟、稻飞虱和稻瘟病。但金湘晚粳对除草剂较为敏感，应注意均匀施药，以避免发生药害。

技术评价及推广成果：金湘晚粳的耐迟栽特性甚为突出，能早种高产、迟种稳产，适合作"三熟制"晚稻的"关秧门"品种。为此，在上世纪 80 年代中期，金华的永康和丽水的缙云等地年种植面积均达 1 万亩以上。

1982 年，金湘晚粳获永康县科技进步三等奖。

育种者简介：见八宝糯。

矮 双 2 号

矮双 2 号，系金华市农科院（所）选育的常规晚粳糯品种，其母本为矮粳 23，父本系双糯 4 号。于 1985 年 12 月，通过金华市农作物品种审定小组的审定。

1. 产量表现

1980—1981 年，经金华和衢州晚稻品种区域试验，平均亩产 373.4 千克和 322.9 千克，比对照双糯 4 号分别增 11.6％和6.0％。1982 年参加晚稻品种生产试验，平均亩产 407.9 千克，比对照双糯 4 号增 15.49％；1983—1984 年浙江省晚稻品种区域试验，平均亩产 300.4 千克和 411.5 千克，比对照双糯 4 号分别增 16.6％和 10.9％，均达极显著水平。

1981 年，衢州市良种场种植 10.22 亩，平均亩产 378.2 千克，比对照双糯 4 号增 14.8％；衢州市官庄三队种植 15 亩，平均亩产 417.5 千克，比对照桂糯 80 增 11.3％。1982 年金华市农业试验站种植 16.8 亩，平均亩产 436.3 千克。1983 年东阳市虎鹿农科站种植 1 亩，平均亩产 503.2 千克。1984 年东阳市良种场种植 17.08 亩，平均亩产 374.6 千克，比对照双糯 4 号增 5.02％。

2. 特征特性

该品种株型紧凑，株高 80～82 厘米，茎秆粗壮，主茎总叶数 15～16 片，剑叶较宽长，叶片深绿色、后期转淡绿，分蘖力中等，成穗率较高。每穗总粒数 80～85 粒，实粒数 66～70 粒，千粒重 24 克，谷粒椭圆型，穗顶谷粒有芒。糯性中等，出糙率 81%～82%。耐肥抗倒，轻感稻瘟病和白叶枯病。

属早熟类型品种，弱感光，全生育期 125 天左右，比对照双糯 4 号长 1～2 天。

3. 栽培技术

(1) 适期播种，培育壮秧。一般在金华、衢州的平原和丘陵地区以 7 月初播种为宜，山区需提早到 6 月 25～28 日播种。秧龄控制在 40 天以内，以 30～35 天为佳。稀播壮秧，适当控制肥水，但要防止断水烤秧。移栽前 3～4 天追施"起身肥"，注意防病治虫。

(2) 合理密植，种足基本苗。一般要求行株距 16.7 厘米×13.3 厘米或 20 厘米×13.3 厘米，每亩种足基本苗 20 万以上，其中"立秋"前后的迟栽田和土壤肥力较低的田块应增至 25 万。

(3) 足肥巧施，科学管水。据调查，一般亩产 400～450 千克，需施标准肥 2 500～3 000 千克。要求做到施足基面肥、早施分蘖肥和看苗补施穗粒肥。灌水，移栽后采取深水护苗，以防止败苗和死苗；返青后灌浅水，并结合耘田轻度落干，以促进根系生长和早发分蘖；抽穗灌浆后，坚持灌"跑马水"，以养根保叶、增粒增重，切忌断水过早。

(4) 防治病虫，确保丰收。矮双 2 号长势旺、植株嫩绿，易感病虫。因此，要高度重视防治和控制病虫害，其中重点做好第五代褐稻虱和稻瘟病的防治工作。

技术评价及推广成果：矮双 2 号丰产性好，糯性中等，耐肥抗倒，易种好管，在金华、衢州、丽水、杭州、绍兴和宁波等地均有种植。据统计，1981—1990 年全省累积种植面积 99.76 万亩，系金华、衢州的晚粳糯主栽品种。

1985 年，获浙江省科学技术进步奖四等奖。

育种者简介：见婺春1号。

汕 优 64

汕优 64，系武义县农业局粮油站选配的"三系"籼型杂交中稻组合，不育系珍汕 97A、保持系珍汕 97B、恢复系恢 64。该组合通过浙江和湖南省级品种审定后，于 1991 年通过国家级品种审定（审定号：浙品审字第 027 号、GS01015—1990）。

1. 产量表现

1984 年浙江省杂交晚稻品种区域试验，平均亩产 456.7 千克，与对照汕优 6 号相仿，但日产量增 3.80 千克；1985 年续试，平均亩产 438.3 千克，比对照汕优 6 号减 1.41％，日产量仍增 3.86 千克。

据调查，一般大田亩产 400～450 千克。

2. 特征特性

该组合株型较紧凑，株高 83～95 厘米，茎秆细软，主茎总叶数 13～14 片，叶片狭长而挺，叶色淡绿，分蘖力强，有效穗多。穗长 21～21.5 厘米，每穗总粒数 90～110 粒，结实率 75％～80％，千粒重 26～27 克，谷粒椭圆形，稃尖紫色。较抗稻瘟病和白叶枯病，轻感纹枯病，耐肥性中等偏弱。

属早熟中籼类型组合，在浙江作连晚栽培全生育期 115～118 天，比对照汕优 6 号早熟 10～12 天。

3. 栽培技术

（1）**适期播种，培育壮秧**。该组合生育期较短，在金华平原和丘陵地区作连晚栽培，以 6 月 25 日前后播种为宜，即与常规晚稻同期播种。每亩秧田播种 7.5～10 千克，做到以畦定量、稀播匀播，到 2 叶期进行删密补缺。秧龄控制在 30～35 天，一般超过 35 天后群体内部矛盾激化，易死蘖和脚叶枯黄，导致移栽后败苗重、起发慢。

注意抓好肥水管理和病虫害防治工作，以培育多蘖矮壮秧。

（2）合理密植，足穗增产。 汕优 64 分蘖优势很强，过多利用往往造成抽穗不整齐和延迟成熟。为此，一般要求移栽密度 20 厘米×13.3 厘米或 16.7 厘米×13.3 厘米，每亩种植 2.5 万～3 万丛、丛栽 3 本左右，争取落田苗 8 万～10 万、最高苗 38 万左右、有效穗达 24 万以上。

（3）管好肥水，防止倒伏。 一般每亩施纯氮 8～10 千克，并按氮 1：磷 0.5：钾 0.8 比例合理配施磷、钾肥。做到"基肥足而全、追肥早而速"，切莫过多过迟，以免贪青倒伏。

灌水做到前期抓浅灌勤灌，促使早分蘖长大蘖；中期抓适时搁田，控制无效分蘖，促根壮秆，协调群体；后期抓间歇灌溉，干干湿湿，活水到老，以养根保叶增粒重。

（4）防治病虫，确保丰收。 根据当地病虫发生情报，抓好病虫害防治工作，特别要重视稻瘟病、白叶枯病和小球菌核病的防治，注意选择对口农药和抓住防治适期。

4. 制种要点

父母本错期播种，其中早夏季制种播差为：时差 22±2 天、叶差 4.2±0.2 叶、温差 135±15℃，做到以叶差为主、时差和温差作参考；夏季制种的播差为：时差 15±1 天、叶差 3.5±0.2 叶、温差 170±10℃，做到以时差为主、叶差和温差作参考。

先播父本，父本分期播种，一般早夏季制种 4 月 13～15 日播第一期父本、7 天后播第二期父本；夏季制种 5 月 20～22 日播第一期父本、7 天后播第二期父本。

父本恢 64 对水分反应较迟钝。因此，要求调节花期谨慎使用旱控和水促技术。其他技术措施参照"三系"制种技术。

技术评价及推广成果：汕优 64 全生育期短，幼苗长势旺，分蘖早而快，抗稻瘟病，且省肥好种、适应性广，适合我国南方稻区栽培。据统计，截止 1995 年全国累计推广面积达 1.86 亿亩，其中浙江省 1987—1995 年播种面积占杂交晚稻的 15％～20％。

1985 年，"汕优 64 的选配和加速推广"项目，确定为农业部推广项目，获得浙江省科技进步二等奖和国家科技进步三等奖。

育种者简介：黄烈文，浙江磐安县人，大学本科，农技推广研究员，享受国务院政府特殊津贴，任职于武义县粮油技术推广站，长期从事粮油作物新品种新技术的推广应用。现已退休。

汕 优 48-2

汕优 48-2，系武义县种子公司选配的"三系"籼型杂交早稻组合，其不育系珍汕 97A、保持系珍汕 97B、恢复系测早 2-2。1992 年 3 月，该组合通过浙江省农作物品种审定委员会的审定（审定号：浙品审字第 080 号）。

1. 产量表现

一般大田亩产 450 千克，高产田可达 500 千克以上。例如，1990 年武义县芦北乡郭溪村试种 112 亩，平均亩产 567.3 千克。1991 年，武义县大源乡郑回村种植 120 亩，平均亩产 588.5 千克；兰溪市甘溪乡露源村方友进户种植 1.54 亩，平均亩产 632.7 千克。1992 年武义县柳城镇爱云清户种植 1.1 亩，平均亩产 639.3 千克。

2. 特征特性

该组合株型较紧凑，株高 82～85 厘米，茎秆粗壮，叶片狭长、挺拔，耐寒性强，发苗快，分蘖力强，抽穗畅、包颈少。每穗总粒数 95～128 粒、实粒数 80～97 粒，结实率 80％左右，千粒重 25 克，谷粒椭圆形，米质中等。根系发达、耐肥抗倒，较抗稻瘟病和白叶枯病。

属迟熟早籼类型组合，在浙江作连晚栽培全生育期 118 天左右。

3. 栽培技术

(1) 适时早播，培育壮秧。 在金华平原、丘陵地区栽培，绿肥田和冬闲田以 3 月 25 日前后播种为宜；油菜、大麦田于 3 月底～4 月初播种。稀播匀播，每亩秧田播种量控制在 15 千克左右，秧龄 30～35 天。绿肥田茬口提倡地膜覆盖育秧，并适当延长盖膜期，以提高积温；迟熟"三田"采用"两段秧"和喷施多效锉控苗。

(2) 合理密植，种足落田苗。 移栽密度 20 厘米×16.7 厘米，每亩栽种 2 万丛，双本插，确保落田苗绿肥田 6 万以上、春花田 8 万以上。

(3) 调控肥水，科学管理。 根据"前促蘖、中壮禾、后攻粒"原则，一般每亩施纯氮 12 千克、五氧化二磷 4.5 千克、氧化钾 5 千克，其中基面肥占 65%左右；分蘖肥占 30%以上，移栽后 7 天以内施毕；穗粒肥占 5%，灌浆期可叶面喷施磷酸二氢钾。

针对汕优 48-2 分蘖力强、成穗率低的特性，当总苗数达到 20 万左右时，及时搁田、搁至田边开细裂再复水，以控制无效分蘖和促根壮秆、促进分蘖成穗。灌浆以后，做到干干湿湿、以湿为主，切忌后期断水过早。

(4) 适期防治，控制病虫害。 播种前，作"强氯精"浸种处理，防治恶苗病；生长期，根据当地病虫发生情报，做好二化螟、稻纵卷叶螟、纹枯病和穗颈瘟等病虫的防治工作。

4. 制种要点

父本测早 2-2，植株较矮，茎秆细、易倒伏，分蘖力中等偏强，感温性强，对水分反应迟钝，且营养生长期较短。因此，制种须做到：

以早夏季制种为佳，父母本错期播种（时差 7±1 天、叶差 1.8 叶±0.2 叶、温差 40±10℃），先播父本，父本分期播种，即 4 月 26～28 日播第一期父本、7 天后播第二期父本。加强父本的肥水管理，做到早生快发、壮秆健株。"花期"调节要慎用旱控和水促技术。其他技术参照"三系"制种技术。

技术评价及推广成果：汕优 48‐2 产量高，耐寒性好，分蘖力强，适应性广，适合浙江、江西和湖南等地种植。据统计，1989—1995 年仅浙江省累计推广面积达 200 万亩以上，系杂交早稻的主栽品种。

1991 年度，"全县 18 万亩早稻单产超历史"项目，获得金华市农业丰收一等奖。

育种者简介：吕长其，浙江永康市人，大学专科，农艺师，任职于武义县种子公司。主要从事杂交水稻制种和新品种引进（选育）、试验及种子经营管理工作。获得金华市第三届青年科技奖和多项省、市、县科技进步奖及农业丰收奖。

Ⅱ 优 92

Ⅱ优 92（原名Ⅱ优 20964），系金华市农科所（院）选配的"三系"籼型杂交中稻组合，其不育系Ⅱ‐32A、保持系Ⅱ‐32B、恢复系金恢 92（原名恢 20964）。金恢 92 系该院以 IR209 作母本、测 64‐7 作父本杂交选育而成。

该组合通过浙江和安徽省级品种审定后，于 1999 年通过国家级品种审定（审定号：浙品审字第 107 号、皖品审 98010232、国审稻 990019）。

1. 产量表现

1991 和 1992 年金华市杂交晚籼品种区域试验，平均亩产484.7 千克和 417.3 千克，比对照汕优 64 分别增 11.9％和8.8％，差异达显著水平；1990 和 1991 年衢州市杂交晚籼品种区域试验，平均亩产 491.9 千克和 520.4 千克，比对照汕优 64分别增 8.4％和 8.1％，差异达极显著水平；1991 和 1992 年浙江省杂交晚籼品种区域试验，平均亩产 483.7 千克和 426.1 千克，比对照汕优 64 分别增 4.6% 和 8.5%，差异达显著水平。1993 年浙江省杂交晚籼品种生产试验，平均亩产 441.3 千克，比对照汕优 64 增 10.9%；1995 和 1996 年安徽省杂交晚籼品种区域试验，平均亩产 459 千克和 501 千克，比对照汕优 64 分别增 10.7% 和 18.0%。1997 年安徽省杂交晚籼品种生产试验，平均亩产 434.7 千克，比对照汕优 64 增 9.6%。

2. 特征特性

该组合株型紧凑，株高 90 厘米左右，主茎总叶数 16 片左右，茎秆粗壮，叶姿挺直，叶片较厚、翠绿色，剑叶长 15 厘米、宽 0.8 厘米，分蘖力中等偏强，每亩有效穗 23 万～24 万。每穗总粒数 120～125 粒、实粒数 100 粒左右，结实率 85% 左右，千粒重 25 克，穗颈节较粗，谷粒偏细长，颖尖紫色、无芒。属感温类型组合，在浙江作连晚栽培全生育期 122～125 天。

据农业部稻米及制品质量监督检验测试中心检测，糙米率 82.3%、精米率 74.1%、整精米率 67%、垩白度 4.4%、透明度 1 级、碱消值 6.4 级、直链淀粉 20.7%。浙江省农科院植保所抗性鉴定，中抗稻瘟病、中抗褐稻虱、感白叶枯病。

3. 栽培技术

(1) 适期播种，培育壮秧。 Ⅱ优 92 在浙江中西部丘陵、平原及半山区作连晚栽培，要求在 6 月 22 日前播种。播种前，选用 "402" 或 "浸种灵" 作浸种消毒，以防治水稻恶苗病。要求做到稀播、匀播，秧龄控制在 35 天以内；秧龄超过 35 天的，应采用 "两段秧"。

(2) 合理密植，增丛增穗。 移栽行株距 20 厘米×20 厘米，每亩种植 1.6 万丛以上、每丛插 5～6 本，争取达到落田苗 9 万～10 万、有效穗 23 万以上。

(3) 协调肥水，防治病虫。 Ⅱ优 92 属大穗型组合，需肥量较大，栽培上可适当增施肥料。一般要求每亩施纯氮 12～14 千克，按氮 1：磷 0.5：钾 0.8 比例合理配施磷、钾肥。根据 "增穗数、稳粒数、促粒重"的要求，做到基肥足、蘖肥早、穗肥巧，即基肥占 40%、分蘖肥占 40%、保花肥占 20%。

根据Ⅱ优 92 的品种特性，水浆管理的重点是适时搁田控苗和防止后期断水过早。即每亩总茎蘖数达到有效穗数的 80%，立即排水搁田、控制无效分蘖和促根壮秆；灌浆后期，坚持间歇灌溉，做到干湿交替、养根保叶，以减轻二次灌浆现象引起的负面影响。

及时防治田间杂草和做好二化螟、稻纵卷叶螟、稻飞虱和稻瘟病等病虫害的防治工作。

4. 制种要点

在金华、衢州和丽水地区制种，采取父母本倒播差，即 5 月 10 日前后播母本、5 月 19 日左右播第一期父本，父母本时差 9 天；5 月 26 日前后播第二期父本，父Ⅰ和父Ⅱ时差 7 天。

父母本播种前，必须用"402"浸种消毒 24 小时。母本以稀播育壮秧，每亩秧田播种 10 千克，秧苗有 7 片叶 5 个以上分蘖；父本采用"两段秧"，2 叶 1 心期摆寄二段秧，密度 10×10 厘米，秧苗有 7 片叶 10 个以上分蘖。父母本均在 2 叶 1 心期用多效唑 100 克对水喷雾，以控高促蘖。

父母本倒播差，父本生长相对偏弱，容易出现"母欺父"现象，故确定合理的父母行比很重要。一般要求父母厢宽 2.4 米、行比 2∶10～12。父本采取大双行种植，即 2 行父本以父Ⅰ和父Ⅱ各 2 丛相间种植，行株距 20 厘米×20 厘米；父母本间距 37 厘米，母本行株距 16.7 厘米×13.3 厘米。母本单本插，父本双本插、分蘖 10 个以上的可插单本。

每亩施纯氮 18 千克、五氧化二磷 12 千克、氧化钾 16 千克，氮肥以农家肥为主。及时预测和调节父母本"花期"，确保"花期"相遇。采取适度割叶、喷施"九二〇"和赶花粉等综合措施，提高母本异交结实率。

*技术评价及推广成果：*经浙江省科技厅组织成果鉴定，Ⅱ优

92 的选育、示范和推广达国内领先水平。该组合以产量高、熟期早和米质佳而被广为推广应用。据统计,以浙江和安徽为主要种植区域,迄今全国累计推广面积达 800 万亩以上。

1994 年"优质、高产、抗病杂交中籼Ⅱ优 92 选育及推广"项目,获金华市科技进步一等奖;2005 年"优质、高产、高效杂交晚籼稻Ⅱ优 92 选育、示范、推广"项目,获浙江省科技进步二等奖;1998 年Ⅱ优 92 米获得浙江省优质农产品荣誉。

育种者简介:于海富,金华市婺城区人,大学本科,高级农艺师,金华市第六届专业技术拔尖人才,现任职于金华市农科院作物所。长期从事杂交水稻育种工作,主持选育了Ⅱ优 92、汕优 92、协优 92 和协优 982 等"三系"组合以及恢复系金恢 92 和金恢 982。

汕 优 92

汕优 92(原名汕优 20964),系金华市农科所(院)选配的"三系"籼型杂交中稻组合,其不育系珍汕 97A、保持系珍汕 97B、恢复系金恢 92(原名恢 20964)。金恢 92 系该院以 IR209 作母本、测 64 - 7 作父本,经杂交选育而成。

1992 年,该组合通过浙江省农作物品种审定委员会的审定(审定号:浙品审字第 78 号)。

1. 产量表现

1988 年,经金华市和衢州市杂交晚籼品种区域试验,其中金华市平均亩产 506.5 千克,比对照汕优 6 号增 9.8%;衢州市平均亩产 473.3 千克,比对照汕优 64 增 5.6%。1989 年续试,平均亩产 398.6 千克和 456.5 千克,比对照汕优 64 分别增 4.6% 和 4.0%。1990 年浙江省杂交晚籼品种区域试验,平均亩产 353.3 千克,比对照汕优 6 号增 8.6%;1991 年续试,平均亩产 467.33 千克，比对照汕优 64 增 1.2％。同年，参加浙江省杂交晚籼品种生产试验，平均亩产 493.3 千克，比对照汕优 64 增 9.7％。1991 年，参加全国中稻品种早熟组区域试验，平均亩产 489.7 千克，比对照威优 64 增 10.3％，达极显著水平；1992 年续试，平均亩产 555.12 千克，比对照汕优 64 增 8.7％。

2. 特征特性

该组合株型较紧凑，株高 85～90 厘米，茎秆粗韧，主茎总叶数 15.5 片，叶姿较挺，剑叶短直，叶片翠绿色，分蘖力中等偏强，每亩有效穗 22 万～23 万。每穗总粒数 120 粒左右、实粒数 98 粒，结实率 80％以上，千粒重 25 克，谷粒偏细长，无芒，颖壳黄亮，颖尖紫色，落粒性中等，且穗、粒、重较协调，易于栽培。属感温类型组合，在浙江作连晚栽培全生育期 125 天左右。

据农业部稻米及制品质量监督检验测试中心检测，糙米率 83.2％、精米率 75.3％、整精米率 51.0％、长宽比 2.6、垩白粒率 58％、垩白度 11.3％、透明度 2 级、碱消值 6.9 级、胶稠度 43 毫米、直链淀粉 22.1％，综合评分 52 分；经浙江省农科院植保所抗性鉴定，叶瘟平均级 2.5 级、穗瘟平均级 2.4 级，白叶枯病平均级 8.1 级，褐稻虱 7～9 级。

3. 栽培技术

(1) 适期播种，壮秧足苗。汕优 92 感温性较强，根据浙江的生态及耕作条件，以作连晚栽培为宜。金华、衢州一带的低丘平原及半山区，一般在 6 月 23～25 日播种。该组合幼苗期分蘖较缓慢，培育壮秧和种足落田苗甚为重要。一般要求每亩秧田播种量 10 千克以下，秧龄控制在 35 天以内，并做到早施、重施断奶肥和分蘖肥，促进早分蘖长大蘖。

种植密度以每亩 2 万丛左右为宜，单本多蘖，确保落田苗 10 万左右。

（2）促控结合，巧施肥水。 该组合较耐肥抗倒，可适当增加施肥量，以发挥其增产潜力。一般要求每亩施纯氮 12.5 千克左右，增施有机肥和合理配施磷、钾肥。做到施足基面肥、早施分蘖肥和适施保花肥。

灌水做到浅水促蘖、足苗搁田、寸*水养胎和活水到老，切忌生长后期断水过早。同时，注意适期收获，防止割青。

（3）适期防治，控制病虫。 根据当地病虫发生情报，做到适期防治二化螟、稻纵卷叶螟、褐稻虱、稻瘟病和白叶枯病，以控制危害，降低损失，确保丰产丰收。

4. 制种要点

金衢盆地制种以早夏季制种较为理想。据经验，父母本 7 月 10 日前后始穗、立秋边（8 月 8 日）成熟，能躲过"梅汛"和"三伏"高温，避免与迟熟早稻"串花"，且能接茬种晚粳糯、增熟增收。技术上要求：父母本错期播种，先播父本，第一期父本 4 月 8 日前后播种、第二期父本 4 月 17～18 日播种，父Ⅰ和父Ⅱ时差约 10 天、叶龄差为 2 叶；母本 5 月 3～5 日播种，母本与第一期父本时差 26±1 天、叶龄差 4.7～4.9 叶。

4 月上旬气温波动较大，如遇持续低温阴雨天气，影响'恢 92'的出叶速度。因此，确定"播差"应时差定大向、叶差为依据、温差作参考。

制种基地需集中连片、安全隔离、土质肥沃、排灌通畅。栽培管理上注意培育多蘖壮秧、合理配置行比、科学调控肥水和适期防治病虫，以搭好丰产苗架。幼穗分化期做好"花期"预测和调节，确保父母本"花期"吻合。抽穗扬花期，采取喷施"九二〇"和赶花粉等综合措施，以提高母本异交结实率。

技术评价及推广成果：汕优 92 高产稳产、早熟、抗病和适应性广，我国南方稻区多个省市均有种植。据资料，迄今全国累

---

* 寸为非法定计量单位，全书同。

计推广面积达 100 万亩以上。

1992 年度，"高产、优质杂交中籼汕优 92 选育"项目，获得金华市科技进步二等奖。

育种者简介：见 II 优 92。

协　优　92

协优 92（原名协优 20964），系金华市农科所（院）选配的"三系"籼型杂交中稻组合，其不育系协青早 A、保持系协青早 B、恢复系金恢 92（原名恢 20964）。金恢 92 系该院以 IR209 作母本、测 64 - 7 作父本，经杂交选育而成。

1999 年，该组合通过浙江和安徽省级品种审定（审定号：浙品审字 196 号、皖品审字 9901257 号）。

1. 产量表现

1995 年衢州市杂交晚籼品种区域试验，平均亩产 474.5 千克，比对照汕优 64 增 7.86%，差异达极显著水平；1998 年衢州市杂交晚籼品种区域试验，平均亩产 461.4 千克，比对照汕优 64 增 6.2%。同年，衢州市杂交晚籼品种生产试验，平均亩产 425.3 千克，比对照汕优 64 增 11.9%。1997 年安徽省杂交晚籼品种区域试验，平均亩产 427.5 千克，比对照汕优 64 增 4.9%，差异达显著水平；1998 年续试，平均亩产 487.3 千克，比对照汕优 64 增 10.4%，达极显著水平。同年，参加安徽省杂交晚籼品种生产试验，平均亩产 448.8 千克，比对照汕优 64 增 7.4%。

2. 特征特性

该组合株型紧凑，株高 85 厘米左右，主茎总叶数 16 片左右，茎秆粗韧，叶姿挺直，叶片较厚，叶色翠绿，剑叶长 16 厘米、宽 0.8 厘米左右，分蘖力中等偏强，每亩有效穗 24 万～25 万。每穗总粒数 115 粒、实粒数 100 粒左右，结实率 80% 以上，千粒重约 27 克，谷粒细长，颖尖紫色、无芒。属感温类型组合，在浙江作连晚栽培全生育期 122～125 天。

据农业部稻米及制品质量监督检验测试中心检测，糙米率 82.2%、精米率 74%、整精米率 54.3%、粒长 7.1 毫米、长宽比 1.5、垩白度 32.6%、透明度 3 级、碱消值 6.9 级、胶稠度 69 毫米、直链淀粉 25%、蛋白质 9.2%；经浙江省农科院植保所抗性鉴定，中抗稻瘟病、中抗褐稻虱、感白叶枯病和感细菌性条斑病。

3. 栽培技术

(1) 适期播种，培育壮秧。协优 92 在金华、衢州一带作连晚栽培，一般掌握在 6 月 22 日前后播种（比汕优 64 提前 3 天）。播种前，做好浸种杀毒处理，防治恶苗病。每亩秧田播净种子 10 千克，秧龄控制在 30 天以内，培育多蘖壮秧。

(2) 合理密植，足穗增产。每亩移栽 2 万丛左右，单本多蘖，争取落田苗 10 万左右、有效穗达 25 万以上。

(3) 肥水管理和病虫防治。参照 II 优 92 栽培管理技术。

4. 制种要点

金衢盆地以早夏季制种为宜，先播父本，第一期父本 4 月 9 日前后播种、第二期父本 4 月 18 日左右播种，父 I 与父 II 时差 9 天；父母本时差 28 天、叶龄差 5.5 叶、温差（活动积温）560℃左右，确定具体"播差"以时差定大向、叶差为依据、温差作参照。

制种田的群体结构以母本植株略高于父本（约 10 厘米）和每亩总颖花数母本 2 000 万朵以上、父本 700 万朵以上为佳。幼穗分化期做好"花期"的预测和调节。抽穗扬花期适时喷施"九二○"、作物营养素和赶"花粉"，以提高母本异交结实率。

*技术评价及推广成果：*协优 92 高产稳产，米质较好，熟期早，可作连晚搭配品种栽培。据统计，以浙江和安徽为主要种植区域，迄今全国累计栽培面积达 150 万亩以上。

育种者简介：见Ⅱ优92。

协 优 982

协优982，系金华市农科所（院）选配的"三系"籼型杂交中稻组合，其不育系协青早A、保持系协青早B、恢复系金恢982。金恢982系该院以IR-BB7作母本、测早2-2/恢92作父本，经杂交选育而成。2006年获得植物新品种权（品种权号：CNA20030549·2、证书号：第20060778号）。

该组合于2002年3月通过浙江省农作物品种审定委员会的审定（审定号：浙品审字第375号）。

1. 产量表现

1999年浙江省杂交晚籼品种区域试验，平均亩产481千克，比对照汕优10号增13％，差异达极显著水平；2000年续试，平均亩产502.3千克，比对照汕优10号增5.26％，差异达显著水平。2001年，参加浙江省杂交晚籼品种生产试验，平均亩产473.4千克，比对照汕优10号增9.0％。

2. 特征特性

该组合株型紧凑，株高86厘米左右，茎秆粗韧，主茎总叶数16片左右，叶姿较挺，叶片较厚，叶色深绿，剑叶长约25厘米、宽0.8厘米左右；分蘖力中等偏强，每亩有效穗20.4万，每穗总粒数106.5粒、实粒数90.8粒，结实率85.3％，千粒重28.5克；穗颈节较粗，谷粒细长，颖尖紫色、偶有芒。属感温类型组合，在浙江作连晚栽培全生育期130天左右。

据农业部稻米及制品质量监督检验测试中心检测，糙米率82.0％、精米率73.6％、整精米率31.8％、粒长6.9毫米、长宽比3.0、垩白粒率66％、垩白度11.9％、透明度2级、碱消值5.1级、胶稠度31毫米、直链淀粉20.3％；经浙江省农科院植保所抗性鉴定，白叶枯病、细条病、褐稻虱和白背稻虱的抗性与对照汕优 10 号基本相仿，感稻瘟病。

3. 栽培技术

(1) 适期播种、培育壮秧。在浙江作连晚栽培，一般在 6 月 12 日前后播种（比汕优 10 号提前 3 天），但旱育秧可适当提前播种。播种前，采用"402"或"浸种灵"作种子杀毒处理，防治恶苗病。每亩秧田播种 8 千克左右，做到稀播匀播。秧龄控制在 35 天以内，如秧龄 35 天以上需用"两段秧"。

(2) 合理密植，增丛增穗。一般要求移栽密度为 20 厘米×20 厘米或 23 厘米×20 厘米，每亩种植 1.5 万丛左右，单本多蘖，争取每亩达到落田苗 8 万左右、有效穗 20 万以上。

(3) 促控结合，科学施肥。协优 982 属多穗大粒型组合，耐肥性较好，一般每亩施纯氮 11～16 千克，并按氮 1：磷 0.5：钾 0.8 比例配施磷、钾肥。做到重施基肥、早施追肥、控制中后期施肥，以避免因"倒三叶"生长过旺而降低田间通透性。

(4) 调控水浆，防治病虫。灌水做到浅水促蘖、搁田控苗、持水养胎和活水灌浆，其中重点抓好搁田控苗和活水灌浆。即每亩总茎蘖数达到有效穗数 80%，及时排水搁田、控制无效分蘖、协调群体结构；灌浆期采取间歇灌溉，做到干湿交替、活水到老，以增粒增重，提高稻米品质。

该组合感稻瘟病，栽培上要采取综合措施预防和控制稻瘟病危害，以确保丰产丰收。

4. 制种要点

金华和衢州作早夏季制种，先播父本，第一期父本 3 月 25 日播种（地膜覆盖育秧）、第二期父本 4 月 1 日播种，父Ⅰ与父Ⅱ时差 7 天。父母本叶差 9.5～10 叶、时差 40～45 天；作夏季制种，先播父本，第一期父本 5 月 1 日前后播种、第二期父本 5 月 8 日左右播种，父Ⅰ与父Ⅱ时差 7 天。父母本叶差 6.0 叶、时差 25 天，即父母本在"立秋"边始穗。

据经验，一般种子亩产 200 千克以上的穗粒（花）结构为：

母本有效穗 18 万～22 万，每穗结实 60 粒，千粒重 24 克左右；父本有效穗 6 万～7 万，每穗颖花 136 朵，父母本颖花比 1：4 左右。因此，要求父母本厢宽 2 米左右，行比 2：12～14。父本采取大双行种植，单本插；母本行株距 12 厘米×12 厘米，双本插。

父母本幼穗分化阶段，做好"花期"的预测和调节，一般当父母本幼穗分化达二至四期时，以父本先于母本 0.5 期为吻合，否则，即应采取调节措施。

采取喷施"九二〇"和赶"花粉"等综合措施，提高母本异交结实率。一般每亩用"九二〇"12～14 克，做到前轻、中重和后补。同时要切实做好安全隔离和去杂去劣工作，以确保种子质量。

技术评价及推广成果：协优 982 丰产性好，米质较佳，熟期适中，适合浙江、江西、福建、安徽和广西等地种植。据统计，迄今全国累计栽培面积达 100 万亩以上。

"优质、高产杂交晚籼稻新组合协优 982 选育、示范及推广"项目，经浙江省科技厅组织鉴定，确认技术达到国内先进水平。2005 年度获得金华市科技进步一等奖。

育种者简介：见 II 优 92。

金　优　987

金优 987（原名金 23A/SC 辐 1、禾优 8 号），系金华市婺城区三才农业技术研究所选配的"三系"籼型杂交晚稻组合，其不育系金 23A、保持系金 23B、恢复系恢 987。恢 987 系该所以恢 9516 田间变异株，采用钴 60‑γ 辐射处理后，经多代测交筛选而成。

2005 年 3 月，该组合通过浙江省农作物品种审定委员会的审定（审定号：2005006）。

1. 产量表现

2002 年金华市杂交连晚品种区域试验，平均亩产 482.92 千克，比对照协优 46 增 6.37%，差异达极显著水平；2003 年续试，平均亩产 512 千克，比对照协优 46 增 6.44%，差异达极显著水平。2004 年，参加金华市杂交连晚品种生产试验，平均亩产 499.2 千克，比对照协优 46 增 12.8%。

2. 特征特性

该组合株型适中，株高 105 厘米左右，茎秆粗壮，主茎总叶数 16～17 片，叶片浓绿色，剑叶较挺、长 33.0 厘米，分蘖力中等，每亩最高苗 23.4 万、有效穗 16.5 万，成穗率 70% 以上。每穗总粒数 159.4 粒、实粒数 124.4 粒，结实率 80% 以上，千粒重 26.9 克，谷粒粗长。在浙江作连晚栽培全生育期 128 天；作单晚栽培全生育期 132 天。

据农业部稻米及制品质量监测检验测试中心检测，糙米率 82.0%、精米率 73.9%、整精米率 62.5%、粒长 6.8 毫米、长宽比 2.8、垩白粒率 59%、垩白度 12.3%、透明度 1 级、碱消值 7.0、胶稠度 52 毫米、直链淀粉含量 26.6%、蛋白质含量 9.5%；经浙江省农科院植保所抗性鉴定（平均级），叶瘟 4.7 级、穗瘟 3.0 级，白叶枯病 3.4 级，属中抗稻瘟病和白叶枯病；褐稻虱 3.0 级。

3. 栽培技术

（1）**适期播种，培育壮秧。**金优 987 在浙江作单晚栽培，一般在 6 月初播种，控制秧龄 30 天左右；作连晚栽培，以 6 月 12 日前后播种为宜，秧龄不超过 35 天，采用多效唑控苗促蘖、培育壮秧。播种前做好种子消毒，每亩大田用种 0.75 千克。

（2）**合理密植，插足落田苗。**作单晚栽培，每亩移栽 1.5 万丛左右，单本多蘖，达到落田苗 3.6 万左右、有效穗 18 万以上；作连晚栽培，每亩移栽 2 万丛左右，单本多蘖，争取落田苗 6.5 万左右、有效穗 17 万以上。

（3）调控肥水，防治病虫害。金优987穗型较大，二次灌浆现象较明显，故合理调控肥水很重要。一般每亩应施纯氮14千克左右，按氮1：磷0.5：钾0.8的比例配施磷、钾肥。做到基肥足、追肥早、控制后期氮肥用量。根据"深水返青、浅水促蘖、搁田控苗、灌水养胎、活水到老"的灌水原则，重点抓好适时搁田、控苗壮秆和活水到老、防止后期断水过早。

根据当地病虫发生情报，切实做好稻瘟病、纹枯病、二化螟、稻纵卷叶螟和褐稻虱等病虫的防治工作。

4. 制种要点

以日均温略低、昼夜温差较大、相对湿度高、风速小和安全隔离有保障的海拔100～300米丘陵垄田作基地，能有效提高制种产量和质量。

金衢盆地以早夏季制种为宜，3月底播第一期父本，4月10日前播第二期父本，父Ⅰ与父Ⅱ时差8～10天。直播母本与第一期父本叶差为11叶；移栽母本与第一期父本叶差10叶，均以父本比母本早始穗1～2天为佳。

父母本厢宽3米，行比2：16～18。父本采取大双行栽培，行株距33厘米×26厘米；父母本间距20厘米，母本行株距13.3厘米×13.3厘米。父本单本插（1粒谷），母本插3～4本，即每亩种植父本0.29万丛、母本2.91万丛，父母本颖花比1：3。

金23A营养生长期短，茎秆细软、易倒伏和抗病性欠佳，且对"九二〇"反应敏感。因此，栽培上注意培育多蘖壮秧、增施磷钾及有机肥和及时搁田控苗壮秆。在此基础上，需做好预测、调节父母本"花期"和喷施"九二〇"、赶花粉，以提高异交结实率。

*技术评价及推广成果：*金优987产量优势较强，据云南水稻高产试验基地专家验收，平均亩产达1 153.17千克，确认具有超高产潜力。目前，浙江、江西、广西和湖南等地均有种植，累

计推广面积 40 余万亩。

育种者简介：章志兴，金华市婺城区人，中专，农艺师，现任职于金华三才种业公司，系金华市婺城区三才农业技术研究所创办人，主要从事杂交水稻制种和新品种引进（选育）、试验以及种子经营管理工作。

地方传统类

金华市特色品种选育及其推广应用

金华佛手

金华佛手，系金华市的地方特色花卉。据《环溪吴氏十四修宗谱》记载，金华佛手引自苏州，距今已达300余年，罗店镇西吴村的馔源公为栽培始祖。

1. 特征特性

属常绿小乔木，盆栽结果树高100厘米左右、蓬径40～80厘米；地栽结果树高可达150厘米、冠幅200厘米左右，主干灰褐色，叶片墨绿色，根系发达、分布较浅，具根瘤菌。叶片长椭圆形、长8～15厘米，叶面脉络清晰、凹凸不平，先端圆钝，基部阔楔形，叶缘锯齿状，叶柄短。圆锥花序，分单性花和两性花，一般春季以单性花较多；夏秋季则以两性花为主，单性花不结果，花萼杯状，花瓣五片，内外白色或内白外淡紫色。果实呈伸指型、握拳型或拳指型，幼果绿色；成熟果橙黄色，一般果实发育期90～120天，即春季结果在夏末秋初成熟；夏季结果到秋末冬初成熟。金华佛手既具观赏价值又具药用效果，其根、茎、叶、花、果均可入药。

2. 盆栽技术

(1) 配制栽培土。晚秋，采用菜园土和猪牛栏分层沤制堆肥，层厚约5厘米，肥堆中间呈凹陷状，浇上稀薄粪水、污水或米泔水。制堆后，每隔半个月浇一次，共浇5～6次。翌春，打开肥堆作全层混合、过筛，再加入适量焦泥灰或骨灰。

也可用70％细沙、25％菜园土、5％腐熟鸡粪和适量腐熟粪土混合，或者以80％细沙和20％焦泥灰混合制作。

(2) 选盆制盆。选择透水性能较好的灰褐色"素烧盆"（瓦盆）作栽培盆。挂果后，根据市场的消费需求，可选择紫砂盆或釉陶盆作观赏套盆。

定植前，在栽培盆的盆底凿孔（小盆1个、大盆3个），孔径0.8～1.0厘米，置于水中浸泡数小时，然后，以碎瓦片搭成"人"字或"品"字盖孔，填上栽培土。

（3）定植及栽盆管理。 选择生长健壮、根系发达、未受病虫伤害和株高约0.5米、径围1～2厘米的植株作种苗，定植前，将种苗主干顶端剪去约三分之一、留30～40厘米。定植时，摆正植株，理直根系，分层覆土，逐层压实；定植后，浇水覆土，放置透光、阴湿、稳风处2～3周，然后，逐步移入园地作正常管理。

栽盆管理，重点做好协调肥水、防治病虫、保花保果和修剪整形及转盆换盆等工作。

3. 地栽技术

（1）科学建园。 选择光照充足、能灌易排的丘陵缓坡和河谷平地作连片园地；作庭园栽培，与建筑物的间距应达2米以上。

将园地的排灌、道路系统和防护林、畜禽场等基础设施作科学配置和合理布局。

（2）合理密植。 一般春栽或夏栽均可，但以春栽为佳。种植密度1米×1米，每亩栽种650株左右。土壤肥力和栽培管理水平较高的，可适当稀植。

栽种时，根据园地的地形确定合适的栽植方式，如等高线、长方形、三角形或正方形栽植。

（3）园地管理。 深翻扩穴、改土。根据园地土壤类型，结合深翻扩穴，采取掺土、掺沙、增施有机肥或增厚土层等措施，培肥地力；中耕除草和间作。一般整个生长期需中耕多次，通过中耕清除杂草、疏松土壤，促进根系生长。据经验，以豆类、薯类、花生或药材作物间作，有利于土壤熟化和除草、保墒，且能提高经济效益；肥水与病虫管理。一般冬季结合深翻扩穴施足基肥，并以土杂肥、腐熟栏肥和磷肥为主。春后，做到因苗因天科学追肥。灌好花前水、膨果水和花芽分化水，梅雨季节及时排除园地积水。注意适时防治病虫害。

武 义 宣 莲

武义宣莲，系武义县的地方特色品种，据记载，武义宣莲的栽培历史起始于唐朝显庆年间，到清朝嘉庆6年（1802）列为朝庭贡品。在悠久的人工栽培和生态适应过程中，形成武义宣平一带地域独特的生态习性、品质和加工技术而列为我国三大名莲之一。

1. 特征特性

多年生宿根作物，总叶数21片，叶片直径48～52厘米，叶面浓绿色、背面灰绿色，叶柄长135～140厘米。莲花呈碗状、单瓣花、紫红色，花瓣18～20枚，属阴性花；花柄长118～122厘米，低于叶片14～16厘米。每盆莲蓬总粒数21.6粒、实粒数17.8粒，结实率82.9%，百粒重（通心白莲）82.9克，子粒近圆形。全生育期180天。

一般每亩莲蓬3 600～3 700盆、商品莲亩产达35～55千克。

2. 栽培技术

（1）择田栽培，精细整地。选择光照充足、排灌方便、富含有机质，且质地疏松、泥层厚达30厘米和pH7.5左右的沙质壤土作莲田。冬闲田，在冬翻晒垡基础上，春节前耕耙一次，每亩施猪牛栏粪2 500～3 000千克；移栽前，做好耕耙和平整田面。绿肥田，在"春分"边翻耕绿肥、每亩施鲜草2 000～2 500千克，为促进绿肥腐烂，可施入石灰40～50千克。移栽前或当天，作翻耕整地作业，做到泥烂、草尽、泥肥相融和田面平整。

（2）适期移栽，合理密植。移栽期以"清明"前后为最适宜。移栽过早，因受低温影响，易造成"僵苗"或冻害缺株；移栽过迟，致使顶芽过长、易损伤和折断，且因营养生长期缩短，造成小蓬和少粒。

一般移栽密度为 6 米×1.6～2 米，每亩莲田栽 200～250 株。按种植距定点排种（三角形定植），将顶芽朝向田内。排种完毕，把植穴挖成 6.5～10 厘米坑，然后，将种藕放入穴内，覆盖田泥，使嫩浮叶和后把略露出泥面。移栽后，灌 1～2 厘米浅水，栽后 3～5 天入田检查，发现浮藕及时补种。

(3) 调控肥水，科学管理。 灌水，坚持"浅—深—浅"的原则，到全生育期水层不断。具体方法：立叶抽生前，灌浅水 3～5 厘米，促进种藕的萌芽、抽鞭和立叶生长。若遇寒潮则灌深水提温；6 月中旬至 7 月上旬，灌 10 厘米左右深水，促进莲鞭生长、多分枝，以及地上部花蕾的健壮生长；7 月中旬至 8 月底，进入生育高峰期，且正是酷暑高温季节，宜灌 16～20 厘米的流动水，活水降温，促进花芽分化和莲蓬、莲籽的生长发育；采莲后至翌年 3 月，恢复浅灌水，以利于成藕和安全越冬。

施肥，掌握"早施立叶肥、稳施始花肥、重施花蓬肥和补施后劲肥以及适当根外追肥"原则。一般每亩施尿素 40 千克、氯化钾 22 千克、过磷酸钙 20 千克。

立叶抽生后及时中耕除草，中耕前应放干田水、捡尽杂草，一般 12～15 天进行一次，莲田封行前结束中耕。

当莲鞭长出 5～6 片立叶（5 月中旬～6 月下旬）时，应及时除去种藕。即在第一片立叶处摸住莲鞭折断种藕，顺着浮叶、钱叶方向挖出种藕。然后，翻松泥土施入土杂肥 50～100 千克，调入新莲鞭。对抱卷叶指向田边的莲鞭做好转鞭，即晴天午后扒开田泥、提起嫩鞭、弯曲转向，使其伸向莲田空隙处。对枯黄的浮叶或过于密集的分蘖小叶则宜及时摘除，以利通风透光，减少病虫害。

义乌黑芝麻

义乌黑芝麻，系义乌市的地方特色品种。据《义乌市农业志》记载，明·万历年间，义乌芝麻品种就有黄、白、黑三种；清·嘉庆年间有迟、早二品种，尤以黑者巨胜。建国以来，义乌黑芝麻依然是义乌市及周边地区的芝麻主栽品种之一。

1. 特征特性

植株较矮，株高约 125 厘米，单秆型，花期较长，蒴果四棱，籽粒乌黑色、含油分和蛋白质较高，千粒重 2.40 克。耐旱、耐瘠，易感"芝麻瘟"。丰产性较好，单株籽重 20～25 克，一般亩产 100～130 千克。据资料，义乌黑芝麻补肾、乌发，具强身健体之功效，可药膳兼用。

义乌黑芝麻属早熟类型，全生育期 80 天左右。

2. 栽培技术

(1) 适期播种。义乌黑芝麻在 4 月下旬至 6 月上旬均可播种，一般根据前作茬口来确定具体播期。宽幅直播，每亩用种 50 克。采用"三园"套种，即幼龄果园、茶园及番薯地间作套种，可充分开发土地资源。

(2) 合理施肥。施肥须做到适施基肥、增施微肥、重施促花肥。一般做畦前每亩施复合肥 10 千克、硫酸锌 1.5 千克、硼砂 1.0 千克；间苗定苗后，每亩用尿素 3～4 千克对水浇施；初花期，结合中耕培土，每亩施尿素 10 千克。

(3) 适时管理。齐苗后，每亩用 5‰精禾草克 50 毫克对水 40 千克喷雾，以防除杂草；到 3～4 叶期及时间苗，5～6 叶期去弱留强、适时定苗。一般在删苗定植后，每亩留苗 6 000 株左右；终花后，及时摘顶，促使植株养分向籽粒输送、集中，增加粒重，提高品质。栽培上须注意：幼苗期不提倡中耕作业，以减轻"芝麻瘟"的感染。

(4) 病虫防治。义乌黑芝麻易感"芝麻瘟"，应引起重视。因此，在做好清沟排水和增施磷钾肥，提高植株抗病能力的基础上，须注意轮作换茬和药剂防治。一般在拔节期用 50‰扑海因 1 000 倍液防治 2～3 次。蚜虫，可选用 25‰乐果乳剂 2 000 倍～

3 000 倍液进行喷治。

磐安黄子

磐安黄子,属常规玉米品种,其前身称黄子(又名半黄),原产于东阳县民主乡,系深泽乡农民于上世纪 20 年代中期引进栽培,经过长期的人工选择而形成磐安的地方特色品种,并在建国初期的地方良种筛选推广中定名为磐安黄子。在杂交玉米被广泛推广应用之前,磐安黄子是磐安县及周边地区的秋玉米主栽品种。属 *Zea mays* L. *indurata* Sturt. 亚种。

1. 特征特性

株型较松散,株高约 200 厘米,茎粗 1.6 厘米,全株总叶数 19~20 片,叶片绿色、大小中等,叶姿挺直。雄穗护颖绿色,分枝多,花粉量中等。穗位高 80~90 厘米,花丝红色,单株穗数 1.0,果穗锥形,穗长 15~16 厘米,穗粗约 3.9 厘米,穗轴白色、粗约 2.7 厘米,穗行数 12 行左右,行粒数 26~30 粒,出籽率 83% 以上。籽粒硬粒型,橘黄色,角质多,有光泽,粉质粘而香、食味佳,千粒重 230~250 克。据中国农业科学院作物品种资源生理生化室和中国农科院中心分析室测定,籽粒含蛋白质 9.3%、赖氨酸 0.27%、淀粉 66.26%、油分 4.72%。耐肥、耐旱、耐寒,较抗大小叶斑病。

该品种属中熟偏早类型,在金华和衢州地区的平原、丘陵作秋玉米栽培,7 月 28 前播种、7 月底出苗、9 月 15 日前后吐丝、10 月底前成熟,即全生育期 90~95 天。

磐安黄子,以春花—早稻—秋玉米水旱轮作为佳。1954 年以后,逐步从磐安推广至浙江中西部及全省,到上世纪 60 年代成为全省的秋玉米主栽品种。据资料,全省的年播种面积曾达 100 万余亩,一般亩产 200~250 千克,高产田块可达 300 千克以上。

2. 栽培技术

（1）安全播种。 该品种在金华平原和丘陵地区一般于 7 月底以前播种，作救灾栽培的也不能迟于"立秋"。

（2）早管早发。 磐安黄子幼苗期生长势不明显，耐涝性偏弱，宜早管、促早发。采取育苗移栽的，苗龄控制 3 叶以内，移栽后 5～7 天追施稀释速效性肥料。并注意防治玉米螟和蚜虫。

（3）合理密植。 该品种植株较矮，穗型偏小，可适当增加种植密度，一般以每亩定植 4 000 株为宜。

兰溪大青豆

兰溪大青豆，系兰溪市传统的特色农产品，栽培历史悠久，据《兰溪县志》记载，早在明代以前即已栽培，距今达 300 余年。1949 年种植面积曾达 8.12 万亩。目前，仍系秋大豆的主栽品种之一。

1. 特征特性

株型松散、冠层大，株高 70～90 厘米，主茎节位 9～10 个，分枝 4～5 个，结荚部位较高，无限结荚习性。叶片卵圆形、绿色，花紫色，感光性较强。籽粒椭圆型，种皮青色、脐深褐色，百粒重 28.5～30.3 克，含油脂 13.69%，含蛋白质 42.19%。耐旱不耐湿，较耐迟播。属迟熟类型品种，作秋大豆栽培全生育期 115 天左右。

2. 栽培技术

（1）适期播种。 一般要求在 7 月 25 日左右播种，最迟不能超过 8 月 4 日。过早或过迟播种均不利于搭建丰产苗架，发挥高产潜力。

（2）合理密植。 采取点直播栽培，行株距为 18 厘米×30 厘米，每穴播种 2～3 粒，保证每亩总株数达 2 万株以上。播种时，每亩用 15 千克钙镁磷肥拌种。

（3）科学管理。 出苗后 7 天左右，结合头遍中耕做好移苗补缺，真叶期，及时间苗、定苗；分枝期，撒施草木灰；结荚期，采用磷酸二氢钾和钼酸铵作根外追肥；鼓粒期，注意灌沟水抗旱、保持土壤湿润。在此基础上，做好摘心、防倒伏和防治病虫害工作。

乌皮青仁

乌皮青仁（又名元青），因其种皮黑色、肉仁青色而得名，俗称"樟子乌"，系兰溪市的特色大豆品种，以香溪和女埠一带乡镇为主要种植区域。据明代《农政全书》记载，有一种豆，俗称樟子乌，久服乌须发。可见民间早已知晓其药用价值。

1. 特征特性

植株较矮，一般株高 60 厘米左右，主茎节位 8～9 节，分枝少，叶片心脏形、深绿色。单株荚数 30～35 个，荚长 6～7 厘米，单荚粒数 1.5～1.8 粒，百粒重 24～28 克，含油脂 17%～41%、蛋白质 41.25%。青枝绿叶，成熟不落叶。全生育期 100 天左右。

2. 栽培技术

（1）适期播种。 一般作秋大豆栽培，也可作田塍豆。作秋大豆种植为 7 月下旬至立秋前播种，11 月初收获；作田塍豆种植，于 5 月上旬播种，10 月底成熟。

（2）合理密植。 该品种分枝少、株型紧凑，可适当提高种植密度，一般每亩种植密度要求达 25 000 株以上。

（3）科学管理。 注意增施磷钾肥，一般播种时每亩用 5 千克钙镁磷肥拌种；分枝期追施适量草木灰；结荚初期，采用 0.2%磷酸二氢钾和 1%尿素混合液作根外追肥。结合中耕，做好移苗补缺和除草工作。注意锈病、斜纹夜蛾等病虫害的防治。鼓粒期遇干旱天气，要及时灌沟水、保墒抗旱，以稳定产量和保证品质。

大莱大豆

大莱大豆，系武义县的地方品种，以武义县新宅镇大莱村一带农村为主要种植区域，并以荚薄、粒大和豆制品质量优、成品率高而闻名。

1. 特征特性

植株半直立，株高 95～100 厘米，茎秆坚韧，分枝生长，有限结荚习性。紫花圆叶，茸毛灰白色，开花集中，结荚均匀，每荚 2～4 粒，籽粒大而圆、种皮浅绿色，百粒重 40～45 克。蛋白质含量 20％，抗病，耐旱。鲜食，从出苗至鲜荚采收约 100 天，每亩鲜荚亩产 1 100～1 200 千克；留干子，出苗至成熟 140 天左右，一般大豆亩产 220～240 千克。

2. 栽培技术

（1）适期播种，合理密植。 该品种在海拔 600 米左右的山区种植，一般 5 月下旬～6 月上旬播种。直播栽培，每亩用种 7～8 千克，每穴播种子 3～4 粒。育苗移栽，以地势高燥、泥厚土松的地块作苗床，播种前苗床浇透水，播种后覆土 2～3 厘米，并覆地膜，以增温保湿；幼苗子叶伸展，当第一片真叶出现后定植。

一般种植密度为行距 25～30 厘米×株距 30～35 厘米，每穴留苗 2～3 株，每亩定苗 1.5 万～1.8 万株。

（2）调控肥水，科学管理。 一般每亩施复合肥 100 千克、草木灰 100～150 千克，或者腐熟堆肥 1 500～2 500 千克、过磷酸钙 25～30 千克和草木灰 75～100 千克作基肥。幼苗期，可追施稀释人粪尿一次，促进根瘤的形成。开花前，追施人粪尿 2～3 次。

播种时，要求保持适当的田间湿度，促进出苗和幼苗健壮生长。鼓粒期，如遇高温干旱应浇水保花、保荚。

盛花至终花阶段需做好摘心打顶，以控高、防倒和增重促熟。并做好豆荚螟、大豆食心虫、黄曲条跳甲和锈病等病虫的防治工作。

（3）因途制宜，适期采收。根据市场供需状况，可以鲜荚上市或留干子。采摘鲜豆上市的，一般进入鼓粒期即可陆续采收，不宜过早或过迟，过早豆粒瘦小，则影响产量和质量；过迟也会影响食用品质。留干子的，要待豆粒完全成熟后收获，以提高豆制品的质量和成品率。

金华早萝卜

金华早萝卜，系以北山萝卜大田用种为基础材料，经系统选育而成的早熟品种。北山萝卜属金华地方品种，集中分布在金华北山及赤松一带农村，在长期的民间选种、留种和串换用种过程中，形成以"板叶"和"花叶"为基本型的混合种群。为了传承、保护和开发'北山萝卜'的优良种性，金华市种子管理站和金华市蔬菜技术推广站以"板叶"为基础种群，开展金华早萝卜的选育工作，并形成了品种标准和栽培技术规程。

1. 特征特性

叶簇直立，高 25～30 厘米，开展度 20～25 厘米，叶片 10 张左右。叶长 28～30 厘米，宽 8～9 厘米，板叶，淡绿色，叶脉、叶柄及柄基部均呈绿白色。肉质根圆柱形，长 14～16 厘米，横径 5～6 厘米，重 200～300 克，约 1/3 露土，表皮光滑、白色。鲜萝卜皮薄、味微甜、肉质细嫩，松脆，水分较多，不易糠心，煮食易烂。

金华早萝卜，采用常规技术栽培，播种至鲜萝卜采收 55～60 天。

2. 栽培技术

（1）择地种植。宜选择土层深厚、土质疏松、前作未种植十字花科作物的田块栽培，做到深耕细耙、精细作畦。注意剔除土壤中石砾、硬块和树根等，以免造成肉质根弯曲或分叉，降低品质。

(2) 适期播种。一般在海拔 500～1 000 米的山区，以 5 月～7 月播种为宜。播种过早易发生先期抽苔；丘陵和平原地区，可在 8 月中旬至 9 月下旬播种，以 9 月上旬播种为最适宜。

(3) 精细管理。翻耕前，每亩施腐熟栏肥 2 500 千克、复合肥 10 千克和草木灰 50 千克。若以化肥作底肥，注意合理配施氮、磷、钾肥；缺硼地块宜酌施硼肥，防止黑心。出苗后，根据苗情和天气状况，以稀薄人粪尿或速效氮肥作追肥，并做到因苗因地适时浇水。禁止使用工业废弃物、城市垃圾和重金属超标准的人畜粪便作肥料。在此基础上，做好间苗定苗、中耕除草和病虫防治工作。一般出苗后 10 天左右间苗，拔除骈株、杂株、弱株和病株，保留健壮、无病虫伤害株，苗间距 10～20 厘米。病虫害防治需因地制宜，一般应重视猿叶虫、黄条曲跳甲和斜纹夜蛾等的防治工作。

兰溪小萝卜

兰溪小萝卜，系兰溪市的地方特色品种，栽培历史悠久，是农家制作冬季蔬菜的主要品种。其腌制品外观精致，口感松脆、味美，久负盛名。

1. 特征特性

叶丛直立，株高 28 厘米左右，展开度 18 厘米，总绿叶数 9～11 片，花叶、裂刻 7.5 对，叶长 25 厘米，淡绿色。肉质根圆柱形，长 14 厘米，单根鲜重 20～50 克，表皮光滑、洁白。较耐热、抗病，且生长期短、一般播种至采收 60 天。

2. 栽培技术

(1) 选择田块。要求选择土层深厚，富含有机质和排灌方便的田块种植，尤以疏松通气的沙质壤土为佳。

(2) 适期播种。一般丘陵和平原地区以 8 月中、下旬播种为宜，即到 11 月上旬采收；高海拔的山区可提前到 6 月上旬播种。采取条直播或穴直播均可，每亩大田播种子 2 千克。

(3) 肥水管理。根据种植田块的肥力水平确定施肥量。一般中等肥力的田块，结合翻耕整畦，每亩施复合肥 15～20 千克、硼砂 1 千克。当遇干旱天气、田土过干，务必及时灌水缓解旱情，但不得大水漫灌，采取沟灌"跑马水"，做到水退田燥、无积水。

(4) 防治病虫。主要做好蚜虫、斜纹夜蛾和菜心虫的防治，一般采用啶虫脒、甲维盐和菊酯类等低毒、低残留农药，确保无公害生产。

落 汤 青

落汤青，系兰溪市的地方特色品种，属叶芥类蔬菜。据记载，栽培历史已达 1 600 余年，以产量高、品质优、抗性强和营养丰富而受市场青睐。

1. 特征特性

植株半直立，株高 35 厘米左右，开展度 39 厘米×40 厘米，总叶数 30～32 片。叶片倒卵圆形，长 36 厘米、宽 19.5 厘米，叶色深绿，具光泽，叶缘波状，叶面较皱。叶柄和中肋长 26.5 厘米，宽 1.5 厘米、厚 0.5 厘米，中间凹入成槽状，单株重 1 000～1 050 克。

鲜食或腌制皆可，纤维少，质地嫩，霜前和立春后食用略带苦味，经沸水涮烫苦味即除，且色泽更青绿，故称之"落汤青"。霜后，苦味自然消除。耐肥性较好，抗病性较强。属迟熟类型品种，一般从定植到初次剥叶采收约 55 天，播种至抽苔为 210～220 天。

2. 栽培技术

（1）适期播种。一般在 9 月上旬播种，10 月底初次剥叶采收，剥叶至翌年 4 月抽苔后方一次性采收全株。也可在 5 月中旬播种，8 月中旬采收全株。

（2）合理密植。育苗移栽的，采取窄畦双行种植，行株距 30 厘米×20 厘米，每亩栽种 5 000 株左右。撒播的，每亩可定苗 6 000 株以上。

（3）科学施肥。定植或播种前施足基肥；苗期做到薄肥多施；剥叶采收后，要求剥叶一次即追肥一遍。并做好中耕除草、防治病虫和抗旱保墒工作。

矮脚黑叶油冬

矮脚黑叶油冬，系以黑叶油冬大田用种为基础材料，经系统选育而成的油冬品种。黑叶油冬属金华农家品种，栽培历史悠久，在长期的民间选种、留种和串换用种过程中，形成多种形态特征的混合种群。为了传承、保护和开发黑叶油冬的优良种性，金华市种子管理站和金华市蔬菜技术推广站承担了矮脚黑叶油冬的选育工作，并形成了品种标准和栽培技术规程。

1. 特征特性

植株直立，高 25 厘米左右，开展度 25～30 厘米，叶片 15～20 张，排列紧凑，基部膨大，腰部明显收束；叶色墨绿，叶缘波状，叶面微皱褶，叶脉明显，叶背及叶柄均覆腊质。食用组织细嫩、纤维少，质糯味鲜，尤以霜后风味为佳。矮脚黑叶油冬单株重 400～500 克，一般亩产 2 500 千克左右。

矮脚黑叶油冬通常定植 40 天左右即可采收食用。

2. 栽培技术

（1）育苗移栽。该品种在 8 月中旬～11 月上旬均可播种。选择土质疏松、肥力较高、排灌方便、前作未种植十字花科作物的田块制作苗床，精播匀播，薄土覆种，控制苗龄 30～40 天，一般前期播种气温较高苗龄宜短；后期播种的，气温降低苗龄适当延长。采取分批分苗移栽，每亩栽种 5 000～6 000 株；撒直播的，每亩大田用种 250 克，注意及时间苗、定苗和除草。

（2）田间管理。移栽前，每亩施腐熟栏肥 1 500～2 000 千克、复合肥 25 千克作基肥；移栽或定苗后，及时浇施稀薄人粪尿，促进缓苗活棵。此后，因苗因天酌情追肥，一般采收前 15 天停止追肥。注意不得以工业废弃物、城市垃圾和重金属超标准的排泄物作肥料。在此基础上，做好中耕除草、排水防渍和病虫防治等工作。

金华白辣椒

金华白辣椒，系金华市的农家品种，以婺城区洋埠镇、罗埠镇和兰溪游埠镇一带为原产地，其鲜椒及腌制品均以色泽独特和食味鲜美而享誉市场。

1. 特征特性

植株较高大，一般株高 100 厘米左右、开展度 65 厘米×65 厘米。叶片长椭圆型，基部和先端渐尖，长 8 厘米，宽 4 厘米，淡绿色。首花位于第 12～13 节，花单生。果实羊角型，纵径 10～12 厘米、横径 1.5～2 厘米，青熟果黄白色；老熟果红白色，果顶凹入或钝尖，果面凹凸不平，果肉较厚、约 0.20～0.25 厘米，单果重 10 克左右。

属中晚熟品种，一般在"清明"前后播种；6 月上、中旬～10 月底采收，全生育期 240 天左右。

2. 栽培技术

（1）精细整地。选择耕层深厚、土质疏松、肥力较高、pH 6.2～7.2 和前茬系非茄果类蔬菜的田块栽培。一般前茬作物收获即翻耕晒畦，并于定植前半个月进行翻耕碎土、作畦。翻耕前，每亩施鸡粪 1 500 千克、三元复合肥 30～40 千克作基肥。整畦，要求畦宽 1.5 米（带沟），做到畦高、沟深和土碎，并盖膜待用。

（2）移栽定植。一般露地栽培的于 5 月上、中旬定植，以晴暖无风天气为佳，每亩种植密度 2 500 株左右。定植时，先按行株距放苗、注意保持苗钵完整和不伤根系，埋土以子叶与畦面齐平为宜，并封实地膜。

（3）栽培管理。初花期，每亩追施复合肥 15 千克、尿素 7.5 千克，防止落花落果或畸形果；此后，采果 1～2 次即追肥 1 次，每次每亩浇施腐熟人畜粪肥 750～1 500 千克。盛花期，可在粪肥中加尿素 5 千克。做好中耕培土、清沟排水和盛夏的畦面覆草及灌水抗旱工作。注意病毒病、疫病、炭疽病、小地老虎、烟青虫、茶黄螨和蚜虫等病虫的防治。

（4）适期采收。金华白辣椒从谢花到青椒采收 25 天左右；从青椒到红熟约 20 天。一般青椒的初次采收在定植后 30 天左右。此后，每隔 3～5 天采收一次。红熟椒也以分次采收为佳。

柘坑羊角椒

柘坑羊角椒，系武义县柘坑村一带的地方品种，肉厚、果红，是加工辣椒酱的传统品种。

1. 特征特性

植株半直立，株高 65～70 厘米，开展度 60～56 厘米，门椒节位 10 节左右，连续挂果性强。果实呈长灯笼型，果长 20～25 厘米，果尖部略弯，果肩直径 4～6 厘米，最大单果重可达 95 克，嫩果绿色、成熟果深红色，肉质厚，辣味中等。耐弱光，抗病、抗虫，适宜山区种植。一般鲜椒亩产 6 000 千克。

2. 栽培技术

（1）育苗定植。一般露地栽培在 3 月底 4 月初采用搭小拱棚盖膜育苗，5月上、中旬定植；秋季延后栽培，在7月中旬播种育苗，8月中旬定植。每亩用种量39克，种子发芽温度25～30℃。

栽培地在定植前15天左右翻耕晒垡，每亩施腐熟猪牛栏4 000～5 000千克、三元复合肥50～60千克。精细整畦，做到高畦深沟、泥碎土松。定植密度60厘米×40厘米，每亩定植3 000～3 500株。

(2) 肥水管理。 定植后及时浇水缓苗。活棵后，每亩追施尿素2千克、复合肥10千克。缓苗后及时打杈，把门椒以下侧枝全部打掉，进入坐果期，每亩施复合肥20千克、尿素10千克、硫酸钾5千克。此后，可进行0.3％磷酸二氢钾叶面追肥。果实膨大期注意调控水分，一般宜干不宜湿、见干见湿，当遇干旱田间缺水要适时灌水，但不能大水漫灌。

(3) 防治病虫。 主要病虫有猝倒病、立枯病、灰霉病、疫病、疮痂病、蚜虫和烟青虫。对苗期的猝倒病、立枯病和灰霉病，选用托布津、百菌清或速克灵防治；疫病，以40％霜霉威400倍液喷治；疮痂病，选农用链霉素3 500倍液喷治；蚜虫和烟青虫则以菊酯类农药交替使用。

金华红皮洋葱

金华红皮洋葱，系金华市的农家品种，以金华市区30公里内为主栽区，尤以金东区仙桥镇和澧浦镇较为集中，商品菜在我国东北市场颇受青睐。

1. 特征特性

植株直立，株高50～80厘米，开展度25厘米×30厘米。叶片粗管状，先端尖，中部以下较粗，长55厘米，横径2厘米，深绿色，蜡粉较多。鳞茎扁圆型，外皮较薄、紫红色，纵径5厘米左右、横径8～10厘米，单瓜重250～350克，肉质致密、松脆，含水分较多，辛辣味较浓，熟食味稍甜，香气浓，品质佳。耐储藏，耐寒耐肥，抗病性偏弱，早播易先期抽薹，耐储运。

属早中熟类型品种，一般9月下旬～10月上旬播种；翌年5月中旬～6月上旬收获，全生育期240天左右。

2. 栽培技术

（1）育苗移栽。 选取疏松、肥沃和保水性强的土壤作床土，以提高出苗率。撒播，每亩大田用种250克。播种后，覆培养土或草木灰，并盖一层遮阳网。当幼苗直径达1厘米左右移栽（11月中、下旬），每亩种植密度20 000株左右。

（2）施肥作畦。 以富含有机质、保水性能较好的砂质壤土为种植地，适当深耕。翻耕前，每亩用猪栏肥2 000千克或鸡粪肥1 500千克、三元复合肥30千克。作畦做到泥松土碎、畦平沟清。

（3）栽培管理。 越冬期间，植株生长量少，对肥料的需求也少。3月份以后，植株生长加快，需多次追肥。一般3月上、中旬追肥一次；4月至5月上旬追肥1～2次，每次每亩用硫酸铵或尿素20～25千克，也可用粪肥2 000～2 500千克、硫酸钾5.0～7.5千克。鳞茎膨大始期，可根据田间苗情适当追肥。此后，鳞茎逐渐成熟，停止肥水供应。注意霜霉病和白蛆等病虫的防治。

红 花 芋

红花芋，系金华市地方品种，自改革开放以来，其栽培规模迅速扩大，形成了以金华市区和永康市为主体的商品芋生产基地。据资料，全市年播种面积5万亩左右，商品芋总产量约10万吨，鲜芋销往上海等地市场或加工出口日本。

1. 特征特性

属茎用多子芋类型，株高120厘米左右，开展度70厘米×

70 厘米，分蘖力强。叶互生，叶片盾形、绿色，长 35 厘米、宽 40 厘米，叶面平滑，叶缘无缺刻；叶柄绿白色，长 115 厘米、横茎 10 厘米、厚 2 厘米。母芋圆球形，长 13 厘米、横茎 12 厘米，重 600 克左右；子芋多、单株子芋 25～35 个，无柄，易分离。子芋长卵形，长 10 厘米、横茎 6 厘米，单芋重 70 克左右。芋衣棕黑色，芋芽浅红色，肉质粉红色，质地细腻、粉糯，香味浓，品质佳。耐热，耐旱，喜湿、不耐涝，抗腐败病。

属中晚熟类型品种，一般 3 月份播种；8 月下旬～11 月上旬采收，全生育期 140～260 天。

2. 栽培技术

（1）择地栽培。忌连作，一般要求与稻类作物轮作栽培。选择土质肥沃、保水性强的粘质壤土栽培，做到沟渠配套、能灌能排。

（2）适期播种。一般在"清明"前后播种。挑选品种特征典型、顶芽充实和完整，且个体间较均匀、位于母芋中部的子芋作种芋。种芋重以 10 个约 0.5 千克为宜，即每亩用种 175～250 千克、种植密度 2 800 株左右。

（3）栽培管理。红花芋生育期较长、耐肥性也强，需要分次多次追肥。其次，做好中耕培土。一般采取分次培土，培土 2～3 次，土厚达 16～20 厘米。并注意污斑病、病毒病、疫病、斜纹夜蛾和蚜虫等病虫的防治。

五指岩生姜

五指岩生姜，系永康市的地方特色品种，以五指岩周边的唐先、中山一带农村为主产区，其他乡镇及相邻的磐安、义乌和东阳等地也有种植。

1. 特征特性

植株丛生、直立，高 40～100 厘米，分枝性强。叶片披针形，互生，叶色浓绿。肉质茎簇生、肥厚，多层排列，黄皮黄肉，覆瓦状疏离的鳞片。穗状花序，苞片卵形、淡绿色，复互状排列，金华本地栽培极少开花。喜温暖，不耐寒，不耐霜，不耐瘠薄和干旱，较耐阴而不耐强光。

属中迟熟类型品种，一般露地栽培在"清明"前后播种，到10月份鲜姜上市；大棚栽培的，于2月下旬气温回升之际，抓住"冷尾暖头"播种，到5月上、中旬即可采收嫩姜。

2. 栽培技术

（1）**保温催芽**。采用姜阁催芽或电热加温催芽，一般在播种前30～35天进行加温催芽，控制温度于22～25℃。种姜催芽至20～25天后，检查姜芽的萌发状况。当多数种姜的芽长达1厘米左右时，即停止加温，使温度逐步降低到12～15℃，待播种。

（2）**整地播种**。选择背风向阳、土层深厚、排灌方便，且近2～3年未种生姜的地块种植。播种前半个月先行开沟排水，待土层落干后，每亩撒施腐熟有机肥2 000千克、三元复合肥50千克及适量的硼、镁、锌肥，然后，翻耕、碎土、整畦，待种。

一般要求畦宽2米（畦宽1.45米，沟宽0.55米），每畦种4行，行株距35厘米×12厘米，每亩种植10 000株以上。种植时，先拉绳开种植沟，再排种埋种。种姜以50～75克、有一个健壮姜芽为宜，瓣分伤口作蘸草木灰处理。排种时，将姜芽朝一个方向，以利采收；排种后，及时覆土、厚度5厘米左右。并做好覆膜保温，据经验，在土温25～28℃条件下，生姜出苗快而整齐。

（3）**栽培管理**。种姜移栽后，当即灌水、灌半沟水，以畦面湿润而不积水为宜。出苗后，经常检查田间湿度，防止土层过干或积水；化学除草，在移栽后灌水前，以除草剂"金都尔"防治杂草；控制温度，一般移栽后20～30天出苗，当幼苗破土即揭除地膜；精细培土，一般培土2～3次，即主茎7～8叶、第一分枝出土前，作第一次培土，以畦沟土为主，培土厚5厘米左右植株 2～3 叉期，作第二次培土，以行间土为主，并结合培土每亩追施三元复合肥 10～15 千克。注意做好腐烂病（姜瘟）、炭疽病、斜纹夜蛾和蓟马等病虫防治工作。

大 红 柿

大红柿，系兰溪市的地方品种，主要分布于黄店、马涧和柏社等乡镇，栽培面积约 1.5 万亩，年产鲜柿 3 000 余吨，系金华市精品水果之一，获得浙江农展会金奖、浙江农博会金奖、金华市优质农产品金奖和金华地方名牌产品等荣誉。

1. 特征特性

落叶乔木，树高 15 米左右，树冠圆头状、纵横径达 12 米，树皮灰白色、呈片状龟裂，难剥落。果实圆形或扁圆形，单果鲜重 145 克，纵径 5.2 厘米、横径 6.2 厘米，脱涩后果皮大红色，果面光洁艳丽，果肉柔软质细，风味郁香甘甜，品质佳，果核 3～5 粒。3 月下旬～4 月上旬萌芽，5 月中旬始花，9 月中、下旬成熟，11 月上旬落叶。

一般嫁接苗栽种后 3 年挂果，8～10 年进入盛果期，经济寿命长达 100 多年。高产稳产，盛果期的单株产量约 100 千克，最高可达 750 千克。

2. 栽培技术

(1) 壮苗栽植。选用品种纯正、根系发达、植株粗壮（株高 70 厘米、茎粗 0.7 厘米以上和带 4 个以上饱满芽）、无检疫性病虫害的健壮苗。一般从晚秋落叶后到春芽萌发前均可种植，暖地以秋栽为宜，冷地和冬旱地区以春栽为佳。种植密度 3～4 米×4～5 米，即每亩栽种 35～55 株，肥地宜稀，瘦地或山地适当密植。

(2) 合理施肥。一般幼龄果园以淡肥勤施为主，即从 3 月下旬到 8 月下旬约 30 天浇施稀释人粪尿 1～2 次。秋季结合清园埋施有机肥；成年果园，在秋季采果后翻土深施有机肥的基础上，分别在萌芽期、坐果期和膨大期追施催芽肥、保果肥和膨果肥。

(3) 整形修剪。 冬夏结合，冬为主，夏为辅。采用变则主干形造形，一般定植后 1～3 年培养 4～5 个主枝，每个主枝间距 30 厘米左右，每个主枝配置 1～2 个副主枝，构成骨干枝群。

(4) 防治病虫。 主要病虫有炭疽病、角斑病、圆斑病、柿蒂虫、舞毒蛾和柿粉蚧。在控制和减少侵染源，即做好冬季清园和春芽萌发前施用石硫合剂的基础上，从萌芽至挂果（4～7 月），以 65％代森锌或 50％托布津 500 倍液防治病害。柿蒂虫、舞毒蛾和柿粉蚧等虫害的危害盛期为 5～8 月，可选用 80％敌敌畏乳油 1 000～1 200 倍液喷治。

方　山　柿

方山柿，系永康市地方特色果品，集中分布在新楼一带乡镇，曾多次获得金华市农交会金奖和浙江省农博会金奖以及国家无公害农产品等荣誉。

1. 特征特性

属涩柿类，树势强健，树冠高大，干性强，枝条中密、略软，节间长。叶片椭圆型、中大，浓绿色。果实扁圆形，果顶广平，顶尖稍凹或平，顶面有四条浅沟；纵横径 5～7 厘米，单果重 130～160 克。成熟果表皮橙红色，果肉橙黄色，脱涩后果皮很薄，果肉纤维少，味甘甜，含可溶性固形物 19％，少核或无核。喜光，经济寿命可达百年以上。河谷平地、丘陵山地和高海拔山区均可种植，但以避风向阳、香灰土类土质种植的果品质量为最佳。

一般果实发育期 180 天左右，即 4 月底～5 月上旬开花坐果、9 月下旬转色、10 月中旬至 11 月上旬成熟。

2. 栽培技术

(1) 建园定植。 房前屋后和田头地角种植的零星柿树，注意留足立地和伸展空间。连片果园，宜在做好园区布局和道路水系配套的基础上，需重视园地整理，做到泥深土松，丘陵坡地要修造梯田。定植沟或定植穴深 80 厘米、宽 80 厘米，施足有机肥，待肥料充分腐烂后定植。

一般在 11 月底至翌年 2 月定植，行株距 3～4 米×5～6 米，每亩种植 34～56 株。注意定植后要浇透定根水。

(2) 园地管理。 幼龄果园，在套种豆类或绿肥作物的基础上，抓好冬季深翻扩穴和生长期肥水管理。一般从新枝抽发至 8 月，约 30 天追施稀释人粪尿或复合肥液一次，秋末重施有机肥，高温干旱季节做好树盆的遮阳保墒；投产果园，冬季结合根系的轮换更新，做好深翻土和追施有机肥。生长期分别在幼芽萌发前、幼果期和膨大期追施速效肥，其中果实膨大肥应配施钾肥。

(3) 整形修剪。 以冬季修剪为主，夏季修剪为辅。采取变则主干形造形，一般初结果树仅对中心干、主枝和副主枝的延长枝作适当短剪，其他枝以缓放为主；当树冠达到目标冠幅后，将中心干落头、主枝和副主枝的延长枝甩放，促进上部结果。修剪侧枝，即删除过密枝、回缩过弱枝。结果母枝，采用双枝更新法交替结果。隐芽寿命长、易萌发，且能直接抽发结果母枝，故注意内膛的通风透光、以恢复结果。

生长期，将多余营养枝和主干、主枝的萌蘖抹除，生长过旺的营养枝和结果枝应作摘心处理。

(4) 保花保果。 在控制氮肥、增施有机肥和拉枝、环割促进局部营养积累的基础上，疏除多余花蕾和幼果，一般强枝留果 2 个、弱枝留果 1 个；始花和终花前，用 0.2％硼砂、0.2％磷酸二氢钾和 0.3％尿素混合液作叶面喷施；落果期，喷 100 毫克/千克"920"液 1～2 次。

(5) 病虫防治。 主要病虫有炭疽病、叶斑病、柿蒂虫、柿棉蚧和柿粉虱。一般在冬季果园清理和涂抹石硫合剂的基础上，抓住花前花后、梅汛前后、台风季节和虫害始盛高峰等关键时段，做好药剂防治工作。其中炭疽病需结合抹芽摘心和促使新梢老熟来防治，避免第一次新梢感染。

（6）采收、脱涩与销售。方山柿以鲜食为主，采收要选择果皮已转橙红色的果实。脱涩，一般采取自然脱涩，也可混果脱涩或制伤脱涩，已完熟的果实脱涩快、色泽好。果实脱涩后，分捡软化的果实上市销售。

木 叶 杨 梅

木叶杨梅，系兰溪市的地方传统品种，栽培历史悠久，以马涧、柏社等乡镇为主要种植区域，栽培面积约 1 万余亩、年产杨梅 3 000 余吨，是兰溪市杨梅的主栽品种之一。

1. 特征特性

树姿较直立，树势中庸，树冠圆头形，一般 2～4 个主枝，枝梢直立，叶片上展。结果枝长 7.8 厘米，12 叶，叶片长 13.1 厘米、宽 3.66 厘米，深绿色。果实圆形，纵径 2.75 厘米、横径 2.74 厘米，果顶圆，果基平，果面紫黑色，单果重 12.5 克，大的可达 16 克。肉柱紫红色，长棍状，先端圆钝，粘核，肉质细嫩、汁多，含可溶性固形物 11.2%、总糖 9.3%、总酸量 0.89%，可食率达 92.6%，品质上乘。

一般嫁接苗栽种后 4 年挂果，8 年左右进入盛果期，经济寿命长达 80～100 余年。高产稳产，盛果期单株产量 100 千克左右。早熟性好，适应性广，抗逆性强，且果实较耐贮运。

当地 3 月下旬始花，4 月上旬盛花，6 月上、中旬成熟，果实发育生长期约 73 天，采收期 10 天左右。

2. 栽培技术

（1）选地栽培。要求选择土层疏松、排水良好和 pH 4～6、含石砾的丘陵坡地种植，尤以杜鹃、蕨类植物较多土质上种植为适宜，一般要求坡度＜25°、海拔＜500 米，当坡度在 10°～25°的应修建梯田或挖掘等高"鱼鳞坑"。

（2）壮苗栽植。 选择苗高 30 厘米以上、茎粗 0.5 厘米以上、根系发达和无检疫性病虫害的壮苗，于 2 月中旬～3 月中旬或 10～11 月栽种。入土要深、一般要求培土达苗木嫁接口上 10～15 厘米，并浇足"定根水"。种植行株距为 5×6 米或 5×5 米，苗穴直径 1.2 米、深 0.7～0.8 米，注意施足基肥。

（3）园地管理。 要结合施肥进行培土和逐年深翻扩穴，加厚根际土层。并提倡生草栽培，即在 7～9 月高温季节进行园地覆草降温。

结果树，一般全年施肥二次，即萌芽前（2～3 月）每株施尿素 0.25～0.5 千克、焦泥灰 20～25 千克或硫酸钾 0.5～1.0 千克；采果后（6～7 月），每株施土杂肥 30～50 千克或腐熟栏肥 10～20 千克，焦泥灰 20 千克或草木灰 10 千克。施肥方法，可表面撒施或开沟条施，但均要加土覆盖。此外，可选用 0.1%～0.2%磷酸二氢钾或高效复合稀土液 1 200～1 500 倍作根外追肥。如出现"小叶病"症状，宜酌用锌肥喷洒。

（4）整形剪枝。 控制树冠高度 4 米以下，塑造矮化和开张式树冠，达到立体结果。剪枝整形，以春梢萌芽前为主，夏季采果后为辅。春剪时，采取以疏删为主，适当短截，疏除过多的密生枝、直立枝和短截内膛衰弱冗长的结果枝、更新结果枝组；夏剪时，剪除衰退枝和密生枝，以增加树冠内通风透光度。

（5）疏花疏果。 疏花，春季萌芽前对多花树进行适度修剪、疏除过密和过弱的花枝，尤其是树冠上部的花枝，确保适量挂果。疏果，一般在生理落果结束后至果实迅速膨大前进行，疏2～3 次。先疏除病虫果、畸形果和小果，然后，按要求的留果密度，疏除多余果，即长果枝留果 3～4 个、中果枝留果 2～3个、短果枝留果 1 个，结果枝平均留果 2 个。

（6）防治病虫。在采取保健栽培、清除枯枝和物理、人工捕杀等措施的基础上，要及时做好药剂防治工作。一般褐斑病选用70％甲基托布津 800 倍液喷治；癌肿病、干枯病和枝腐病可用"402"50～200 倍液进行伤口涂抹；介壳虫可用 40％速扑杀1 500倍液防治。

义乌大枣

义乌大枣，系义乌市的地方特色品种。据史料记载，该品种已有千余年的栽培历史，其中居于青枣类主栽品种达 800 余年，鲜食和加工兼用，是制作义乌南枣、蜜枣的首选品种。

1. 特征特性

树冠呈圆锤形或圆头形，主干灰褐色、粗糙，一年生枝条紫红色，节间长 4.5～6 厘米；二年生枝条红褐色；多年生枝条灰褐色；老树裂皮、易剥落。枣股圆锤形或圆柱形，一枚枣股抽生2～6 个枣吊，每个枣吊长 9～17 厘米，着生 8～12 张叶。叶片呈长卵形，绿色，叶缘钝锯齿形、无茸毛。聚伞状花序，有花9.4 朵。花萼黄绿色，花萼、花瓣、雄蕊各 5 枚，柱头二裂，属夜间开花习性。果实圆筒形，单果重 15.4 克，果皮绿黄色，向阳面褐黄色，皮薄；果肉绿白色，质脆味甜，汁中多。白熟期较长，枣仁饱满，具双仁特点。

义乌大枣富含蛋白质、脂肪、糖类、维生素（Vc 为主）、矿物质等营养物质，具益气、养血、安神之功效，适合失眠、贫血、高血压及心血管病人食用，亦是护肤美颜的佳品。

该品种喜温。4 月初，气温达 13～15℃始萌发；4 月中旬，气温 17℃以上，伸枝展叶及花芽分化；4 月底～5 月初，气温19℃以上现蕾；5 月下旬，气温达 22℃左右，进入始花期，5 月底～6 月初盛花，6 月下旬终花期；8 月中下旬成熟。栽种至盛果期较长，即嫁接树栽后 1～2 年挂果，8～10 年方达盛果期。

一般盛果期单株可产鲜果 30～50 千克。

2. 栽培技术

（1）合理布局。 义乌大枣较耐寒、耐旱，易栽种，要求立地条件不甚严格，一般选择有一定交通和水源条件的园地栽种，土质以砂壤土为佳。栽种密度须因地制宜，宽行密株，地力较肥的每亩栽 45～50 株；地力瘠薄的每亩栽 80～100 株，注意选用壮苗、无病虫伤害苗。枣类属常异花授粉作物，栽种时须配置 10%～20% 的其他枣类品种作授粉树。

（2）肥水管理。 当年秋季采枣后，及时做好枣园的深翻扩穴和树盘修整工作，对土层较薄，根系裸露的须培土、加厚土层。并施足基肥，每株枣树施有机肥 100 千克、果树专用肥 1～2 千克，有机肥以腐熟畜禽粪便或优质土杂肥为佳。翌年，在树芽萌发和始花前分别追施一次速效氮肥，每次每株施尿素 0.5～1.5 千克；果实膨大后期，结合病虫害防治，用尿素、磷酸二氢钾对水配制成 0.2%～0.5% 液作叶面喷施二次以上。水的管理主要抓萌芽期、花期和果实膨大期，通常是肥水同步，每次施肥均兼浇水。提倡应用树盘覆膜和穴贮肥水技术。

（3）整形修剪。 采用冬夏结合，随树造型的技术，每树保留骨干枝 5～10 个，并做到逐层分布，均匀排列。对多余的直立并生枝，作疏除或拉枝开角处理；对过密枝、交叉枝、病虫枝、下垂枝和衰老枝，作疏除或回缩；对空间较大的枣头枝，则作短截处理，以扩大树冠。

（4）保花保果。 义乌大枣花期长、花粉量多，但较易落花落果，须做好保花、保果工作。一般采用花期喷水、喷"九二〇"（从初花期到盛花末期，分 2～3 次喷"九二〇"10～15 克）或放养蜜蜂等措施，能有效提高枣树的坐果率。

（5）病虫防治。 本地危害枣类的病虫主要有桃小食心虫、枣尺蠖和枣锈病，个别园地或年份日本腊蚧有较重发生。提倡采用综合防治技术：农业防治。秋冬季扫除落果残叶、作园外集中销毁，并结合深翻培土在树干基部挖除越冬幼虫茧。早春，采取人工挖蛹和人工刮除越冬雌成虫等措施；药剂防治。抓住防治适期，选用50％辛硫磷微胶囊剂400～600倍液、15％扫螨净2 000倍液、BT水剂300倍液或5％氯氰菊酯3 000倍液。其中枣锈病一般选用粉锈宁500倍液或倍量式波尔多液200～300倍液，从6月中旬起，每隔15～20天喷药1次，共喷3次。注意禁用高毒性、高残留农药和采收前15～20天禁用任何药剂，以确保食用安全。

义乌山花梨

义乌山花梨（又名三花梨），系义乌市的地方特色品种，栽培历史悠久，并在国内果品市场享有盛誉，属浙江梨类优质品种之一。

1. 特征特性

树冠圆头形，树势中庸，主干明显，短枝多，初生枝绿色；成熟枝赫褐色。叶片心脏形或卵圆形，叶缘有小芒状锯齿，以短果枝结果为主。果实较大，平均单果重217克，大果可达500克，呈倒卵形或纺锤形；果皮黄绿色，成熟果为红褐色，向阳面和柄洼周围着赫色锈斑；果肉雪白脆嫩，石细胞少，汁多味甜，微带酸，含可溶性固形物12.4％～14.1％，果心较小；果柄较粗，柄洼浅，萼片宿存；耐贮藏，机械性损伤腐烂蔓延较慢。丰产性好，一般单株产量25～35千克。

义乌山花梨2月下旬萌发，3月下旬始花，4月中、下旬终花，8月上中旬成熟。

2. 栽培技术

（1）壮苗稀栽。 义乌山花梨适应性较广，河谷滩地和丘陵坡地等多种土壤均可栽培。但树冠较大，须适当稀植。一般以行株距4米×3米、每亩栽种55株左右为宜。注意选用健壮、无病虫伤害的种苗。

（2）肥水管理。春季树芽萌发前，须深翻扩穴、施足有机肥；5月底～6月初，施壮果肥，注意配施磷、钾肥；到8月上、中旬采果后，追施复合肥和有机肥，以恢复树势。注意防渍抗旱，"梅雨"期须抓好园地开沟排水防渍工作；7月中、下旬高温干旱季节，则应及时灌水抗旱。

（3）整枝疏果。采用疏散分层形整枝，剪除密生枝、衰老枝、病虫枝及多余枝，依新生枝、中型枝和大型枝分层次留足结果基枝数，培养理想树形。开花期，采用喷硼砂、磷酸二氢钾和放养蜜蜂及人工授粉等综合措施，以提高坐果率。在此基础上，做好疏花、疏果工作。一般冬季结合修剪整枝，疏除多余花芽；初花期，疏除多余花蕾；终花2周左右进行疏果，控制单株总果数。

（4）病虫防治。本地梨类病虫害主要有梨锈病、黑星病、轮纹病、腐烂病和梨小食心虫、花网蟕和刺蛾等。采取综合措施防治，冬季做好果园枯枝落叶、病枝病果的清理及集中焚烧和树杆涂石灰浆工作；早春刮除病皮裂皮，消除越冬菌源虫源；新枝萌发后，根据病虫发生规律，及时抓好药剂防治工作。注意禁止使用高毒、高残留农药。

附

件

金华市特色品种选育及其推广应用

技 术 标 准

浙江省地方标准—无公害金华佛手（节选）

（本标准由浙江省质量技术监督局于 2006 年 9 月 4 日发布、10 月 1 日起实施，标准编号：DB33/T305.1～/T305.3—2006）

第 1 部分：育苗技术规程

1 范围

本部分规定了无公害金华佛手的术语和定义、扦插育苗、高压育苗、苗木培育及苗木质量。

本部分适用于金华佛手的扦插育苗及压条育苗。

2 规范性引用文件

下列文件中的条款通过本部分的引用而成为本标准的条款。凡是注日期的引用文件，其随后所有的修改单（不包括勘误的内容）或修订版均不适用于本部分，然而，鼓励根据本部分达成协议的各方研究是否可使用这些文件的最新版本。凡是不注日期的引用文件，其最新版本适用于本部分。

GB 4285	农药安全使用标准	
GB/T 8321.1	农药合理使用准则（一）	
GB/T 8321.2	农药合理使用准则（二）	
GB/T 8321.3	农药合理使用准则（三）	
GB/T 8321.4	农药合理使用准则（四）	
GB/T 8321.5	农药合理使用准则（五）	
GB/T 8321.6	农药合理使用准则（六）	
GB/T 8321.7	农药合理使用准则（七）	

GB　15569—1995　　农业植物调运检疫规程

3　术语和定义

下列术语和定义适用于本部分。

3.1　金华佛手

主产于婺城区、金东区，花为白色，果实成熟时色泽橙黄、光亮，香气浓郁、持久，果实指形清晰的佛手。

3.2　地径

地际直径，指苗木土痕处的粗度。

3.3　一级侧枝

直接从主干上长出的侧枝。

3.4　二级侧枝

直接从一级侧枝上长出的侧枝。

3.5　苗批

同一品种在同一苗圃，用同一批繁殖材料，采用基本相同的育苗技术培育的同龄苗木，称为同一苗批。

4　扦插育苗

4.1　采穗圃建设

4.1.1　选择品种纯正、生长健壮的优树建立采穗圃，用于穗条的生产。

4.1.2　春季新枝萌发后，每株母树一般只选留 2 个比较健壮的枝条，抹除其他枝条。

4.1.3　于 8 月中旬采集穗条，采穗后应加强母树的肥水管理，促发新梢，确保母树有足够的营养面积。

4.1.4　冬季扣棚时间一般在 11 月 15 日～11 月 20 日期间。扣棚前应进行平茬、清沟覆土，然后覆黑色塑料薄膜。如不扣棚，也可在黑色塑料薄膜下覆一层稻草进行保温越冬。次年 4 月初撤棚。

4.2　圃地准备

4.2.1　圃地选择。选择避风向阳、排灌良好、交通方便的平地。

附近无空气、水源、土壤污染，无检疫对象。要求土层厚度50cm以上，地下水位100cm以下，土质疏松、肥沃，病虫害少的沙壤土或壤土。苗圃地如已连续育佛手苗2年～3年，需经1年～2年的轮作后方可继续育苗。

4.2.2 整地、作床。翻耕前施足基肥，冬季深翻达25cm，春耕深度20cm为宜。

4.2.2.1 苗床长边以东西向为宜，床面宽80cm～100cm，高20cm～25cm，步道宽30cm，深25cm，围沟宽和深30cm以上，要求苗床土粒细碎、疏松，床面平整。扦插前苗床上覆黑膜。

4.2.3 土壤消毒。用50%敌克松2 000倍液，或50%可湿性托布津粉剂的500倍液，或克博800倍液等杀菌剂浇灌床面，然后加盖塑料薄膜24小时进行土壤消毒。

4.3 扦插

4.3.1 时间。春季扦插3月中旬～5月，秋季扦插7月下旬～8月中旬。温室内一年四季都可扦插。

4.3.2 插条准备。从采穗圃或优良植株上采集插条。春季扦插采用上年的秋梢，秋季扦插采用当年的春梢。要求穗条的中央直径在0.8cm以上，枝条去刺、叶后，截制成长度8cm～12cm的插条，要求每根插条至少有4个～6个芽。做到随剪随插。

4.3.3 扦插深度。插条长的1/3～1/2，要求床面露出3个～4个芽。

4.3.4 扦插密度。15cm×15cm。

4.3.5 其他要求。扦插后及时喷透水，上面搭50cm高的塑料小拱棚，四周密封。气温过高时应搭2m高的遮荫网。

4.4 扦插后的管理

4.4.1 发根前主要是要控制好棚内的温、湿度，当湿度过大时应打开小拱棚的两头进行通风，湿度过小时应及时喷水，保持拱棚内较高的相对湿度。一般土壤温度在20℃～25℃以上时，一周后就开始发根，15天～20天新梢已抽发时可用0.2%的磷酸二氢钾加 0.1％的尿素水溶液进行叶面施肥，要求于 17 时之后进行。

4.4.2　待新梢长到 8cm 以上，叶片已完全展开，此时应打开拱棚两头通风，经过 3 天～5 天的炼苗后可撤除小拱棚。之后每隔 10 天～15 天可喷施一次高效叶面肥如：多元磷酸二氢钾或稀薄的农家肥。有条件的可采用营养液施肥。9 月下旬停止施肥，撤除遮荫棚。雨季做好清沟排水工作。

4.4.3　11 月中旬应扣棚越冬或起苗后假植在大棚中。

5　高压育苗

5.1　选择健壮的佛手枝条（生产上多选择带枝、叶的结果枝），以湿润的苔鲜拌土壤，包附在枝条基部，外面用塑料薄膜包扎，在包扎物的基部、顶部各剪一个小孔，多余的水份可以从基部的小孔渗出，包扎物太干时，水份可以从上面的小孔中加入，保持包扎物有一定的湿度。

5.2　一般 60 天后包扎物的四周已布满细根，此时可在其基部剪下，栽植到花盆中，即成一新植株。

5.3　结果枝一般 6 月 20 日左右开始高压，9 月中旬剪下枝条。

6　苗木培育

6.1　苗圃整地

6.1.1　每亩施腐熟栏肥 1 000kg，或腐熟饼肥 100kg，缺磷的土壤每亩增施磷肥 50kg。耕翻埋入耕作层。

6.1.2　苗床高 25cm，宽 100cm。

6.2　移栽

　　翌年春季撤棚后移栽，种植密度具体视植株大小而定，一般为 30cm×30cm，秋季扦插苗可适当密些。

6.3　田间管理

6.3.1　整形修剪

　　通过摘心将主干高度控制在 10cm～15cm，保持主干上有 3 个～4 个分布均匀的健壮枝条，待新抽侧枝上的叶子转为深绿色时应摘心，一级侧枝的长度一般控制在 10cm～15cm，二级侧枝的长度 8cm～10cm，每个侧枝上保留 2 个芽，抹除其余芽，此项工作宜在 8 月 20 日前进行。

6.3.2 肥水管理

6.3.2.1 水份管理原则。不干不浇，浇则浇透。

6.3.2.1.1 采用沟灌的苗圃，苗床中心稍湿即放水，有条件的可采用喷灌。

6.3.2.1.2 高温季节灌溉时间应在早晨、傍晚或夜间进行。雨季及时清沟排水。

6.3.2.2 肥料管理。施肥次数应根据苗木的生长情况而定。5月～6月可适当施氮肥，8月中旬可施一次磷钾肥。

6.3.3 病虫害防治

6.3.3.1 主要病虫害。主要有炭疽病、煤污病、脚腐病等，虫害有红蜘蛛、潜叶蛾、蛀叶虫、凤蝶、斜纹夜蛾、金龟子及蚜虫等。

6.3.3.2 防治时间。4月～6月主要做好红蜘蛛、蚧壳虫的防治。6月下旬～9月秋梢萌发期及时防治潜叶蛾，继续控制红蜘蛛。冬春主要做好苗圃清园消毒等病虫害预防工作。

6.3.3.3 病虫害防治方法。防治方法见附录 A。

6.3.3.4 农药使用。安全使用应符合 GB 4285 规定。合理使用应符合 GB/T 8321.1～GB/T 8321.7 的规定。

6.3.4 遮荫

夏季气温达到 30℃以上时应遮荫，一般遮荫季节为 7 月上旬至 10 月上旬。

6.3.5 安全越冬

立冬前后起苗，移至塑料大棚中假植，待翌年春季上盆。或于 11 月份上盆后，移至塑料大棚中过冬。

7 二年生的苗木质量

7.1 要求

7.1.1 合格苗木以地径、二级侧枝数、综合控制条件三项指标确定，有一项指标达不到要求的为不合格苗木。

7.1.2　综合控制条件为：根系发达，无检疫性和危险性病虫害，无机械损伤，苗木茎、叶色泽正常并已充分木质化。

7.1.3　合格苗分Ⅰ、Ⅱ两个等级，由地径和二级侧枝数两项指标进行分级。地径和二级侧枝数属同一等级时，则判定为该等级；如不属同一等级时，则按就低原则，以地径、二级侧枝数中的最低指标定级。低于Ⅱ级苗标准的苗木不得作为商品苗出圃。

7.1.4　苗木分级必须在庇荫背风处进行，分级后要做好等级标志。分级后的苗木，同一苗批中低于该等级的苗木数量不得超过5%。

表1　苗木质量要求

等　级	指　标		
	地径（cm）	二级侧枝数量（条）	综合控制条件
Ⅰ级苗	≥1.2	5～6 枝条分布均匀	根系发达，无检疫性病虫害，无机械损伤，苗木茎、叶色泽正常并已充分木质化。
Ⅱ级苗	≥1.0	≥3 枝条分布均匀	

7.2　检测方法

7.2.1　抽样

7.2.1.1　苗木质量检测应在一个苗批内进行，采取每株检测或随机抽样的方法。

7.2.1.2　采取随机抽样的方法检测的苗批，按表2规则抽样。成捆的苗木先抽样捆，再在样捆中抽样株。

表2　抽　样　数

苗批数量：株	抽样数：株
500～1 000	50
1 001～10 000	100
10 001～50 000	250
50 001～100 000	350

7.2.2　检测

地径用游标卡尺测量，读数精确0.05cm。其他指标采取感观检测。

7.2.3 检疫对象

按 GB 15569—1995 规定执行。

7.3 检验规则

对抽取的样本苗木逐株检验，根据检验结果，计算出样本中的合格株数和不合格株数。当不合格株数少于 5% 时，判定该批为合格。否则判定该批不合格。对不合格批重新分拣后按 7.2.1 重新抽样检验。

7.4 标志、包装、运输

7.4.1 标志

每批苗木应挂有标签，标明生产者或经营者名称、地址、种子生产许可证或经营许可证号；苗木的产地、等级、数量、生产日期、植物检疫证书编号。

7.4.2 包装、运输

7.4.2.1 苗木起出后适当修剪根系，按等级每 50 株扎为 1 捆，外面用塑料薄膜包裹。

7.4.2.2 苗木装车时，不应堆压过紧、堆放过高，预防发热伤苗。装车后应及时运输，并有防风、防晒、防淋措施。

7.4.2.3 长途运输，苗木根部要蘸上泥浆或填充湿苔鲜。

7.4.2.4 调往外地的种苗，运输前应通过检疫并附检疫证书。

附录 A

（资料性附录）

金华佛手主要病虫防治方法

表 A.1 金华佛手主要病虫防治方法

病虫名称	防治时期	防治方法
炭疽病	主要发生时期：新梢抽发期。 4月下旬；6月～8月。	①剪去病叶，通风透光。 ②喷50%甲基托布津可湿性粉剂800倍液或50%多菌灵500倍～700倍液。 ③铜帅1 500倍液或可杀得1 500倍液。

（续）

病虫名称	防治时期	防治方法
红蜘蛛	4月～6月	①柴油哒螨灵1 500倍液。②5%尼索朗乳油或5%尼索朗可湿性粉剂1 500倍液。
	9月～10月发生高峰期	①三唑锡1 500倍液。②5%尼索朗乳油或5%尼索朗可湿性粉剂1 500倍液。
	11月～12月冬季进入温室	克螨特2 500倍～3 000倍液
潜叶蛾	7月～9月下旬的新梢抽发期	①阿维菌素1 500倍～3 000倍液。②10%氯氰菊脂1 500～2 500倍液。
锈壁虱	7月上旬～9月下旬	哒螨灵（或三唑锡）1 500倍液＋阿维菌素1 500～3 000倍液。
蚧壳虫	5月底～8月底1代、2代幼蚧盛发期	①速扑杀1 000倍～2 000倍液。②快克1 500倍液。
凤蝶	一年四代，在每代的发生期	①10%吡虫啉乳油1 500～2 000倍液。②0.5%敌杀死2 000倍液。
蚜虫	春夏秋梢萌发后	③50%灭蚜灵乳油1 500倍液。
病虫害预防	冬季扣棚前	清除园内的枯枝落叶，以2度～5度的石硫合剂对植株和园地四周进行喷雾。

浙江省地方标准—无公害果蔗（节选）

（本标准由浙江省质量技术监督局于2005年3月4日发布、4月5日起实施，标准编号：DB33/T550.1～T550.2—2005和DB33/550.3—2005）

第2部分：栽培技术规程

1 范围

本部分规定了无公害果蔗生产的产地环境要求和定义、术语、蔗田准备、下种技术、肥水管理、防治病虫害、管理措施、果蔗收获、果蔗贮存等方面的技术要求。

本部分适用于无公害果蔗的生产。

2 规范性引用文件

下列文件中的条款通过本部分的引用而成为本部分的条款。凡是注日期的引用文件，其随后所有的修改单（不包括勘误的内容）或修订版均不适用于本部分，然而，鼓励根据本部分达成协议的各方研究是否可使用这些文件的最新版本。凡是不注日期的引用文件，其最新版本适用于本部分。

GB 4285—89　农药安全使用标准

GB/T 8321（所有部分）　农药合理使用准则

DB33/T 550.1—2005　无公害果蔗　第 1 部分：产地环境条件

3 定义和术语

下列术语和定义适用于本部分。

3.1 芽沟

蔗芽尖端上方凹陷的纵沟。

3.2 土壤湿度

土壤中水份重量占单位土壤重量的百分比。

3.3 露水叶

早晨有水珠粘附于叶尖的叶片。

3.4 果蔗专用营养素

专为果蔗生产配制，含果蔗所需多种元素的专用营养素。

3.5 果蔗专用复合肥

N：P：K 比例为 15%：9%：11%，专为果蔗配制。

3.6 斩种

把整根蔗种用利刀斩成适当的带芽小段，以利下种。

4 产地选择

4.1 果蔗露地生产产地环境应符合 DB33/T550.1—2005 的要求。

4.2 土壤酸碱度宜为 pH5.6～pH7.5，含盐量宜在 0.2% 以下。

4.3 选择土层深厚、土壤肥沃、水源充足、地势平坦、排灌便利的沙质壤土或水稻土种植。

5 蔗田准备

5.1 翻耕

秋茬作物收获后，在冬至前后深翻土层30cm，整地晒垡。

5.2 培土

果蔗下种前15d左右，施腐熟农家肥3 500kg/666.7m² 或不含氯三元复合肥（N：P：K 15％：15％：15％）100kg/666.7m²。

5.3 做畦

畦面做成龟背形、南北向为宜，土表平整，畦宽2.0m～2.5m，畦沟宽0.3m～0.5m，深0.3m。

5.4 开沟

种植沟深15cm，沟间距（行距）1m～1.5m。

6 蔗种准备

6.1 选种

6.1.1 品种：宜选用皮薄、茎粗、肉脆、节间长、水份多、甜度适中、口感好的优质品种。

6.1.2 选用芽饱满芽鳞新鲜、紧贴蔗茎，有明显芽沟，无虫伤、无病变的粗大蔗茎作蔗种。有条件的选用脱毒蔗苗。

6.2 斩种

剥去叶鞘，把种茎放在硬木板上，芽向两侧，用刀口平整锋利的斩刀或铡刀，一刀准确斩断，切口平整，不破裂，不伤芽。种苗节下部留2/3节间，上部留1/3节间，斩成每种段含3个～4个芽苗。

6.3 浸种消毒

用50％甲基托布津1 000倍液浸种2h，晾干备用。

7 下种

7.1 种肥

种植沟内施不含氯三元复合肥（N：P：K 15％：15％：15％）或果蔗专用复合肥（N：P：K 15％：9％：11％）30kg～

$35kg/666.7m^2$ 作种肥，施后覆浅土。

7.2 时间

用地膜覆盖栽培的，在日平均温度稳定通过 10℃ 时进行；露地栽培的在日平均温度稳定通过 15℃ 时进行。一般在 2 月下旬至 3 月上旬下种。

7.3 密度

下种密度为 4 000 芽$/666.7m^2$ 左右。

7.4 方法

采用单行条植，平放，蔗芽向两侧，蔗芽与土壤紧密接触。

7.5 盖种

盖种厚度以 3cm 为宜。盖种的土壤要细、松、软，盖种厚度均匀一致。

7.6 除草

盖地膜前，可用每 $666.7m^2$ 用 90％乙草胺 40ml 加 40％扑草净 20g 兑水 30kg 均匀喷雾于土表，封杀杂草。

7.7 盖膜

下种后全畦覆盖除草地膜或保湿地膜，拉紧盖严，保温保湿。

8 田间管理

8.1 助苗穿孔

出苗时，勤检查，及时人工破膜，助苗穿孔，破膜孔要小。如遇高温，每天一次人工破膜。苗穿孔出地膜后，用细泥把口封严，防止膜下高温伤苗。

8.2 适时提膜

蔗苗长出 3～4 片真叶，膜外气温稳定上升到 20℃ 以上时，要揭去地膜。揭膜应把地膜向上提起，不能平拉。揭膜后田间废膜应清理干净。

8.3 查苗补苗

揭膜后发现断垄缺苗，用预先假植的蔗苗补植，或移密补稀。

8.4　中耕除草

揭膜后要立即进行中耕除草，没有盖膜的也应在蔗苗 3～4 片真叶时进行中耕除草。苗期中耕除草二次。

8.5　定苗

蔗苗拔节后，结合培土去除多余分蘖，把小茎、弱茎、病虫害茎去除，留蔗苗 5 000 株/666.7m² 为宜，最后控制有效茎数 4 000 条/666.7m² 为宜。

8.6　培土

8.6.1　分蘖盛期进行小培土，培高 10cm～15cm 为宜；

8.6.2　拔节始期，蔗苗数达 6 000 条～7 000 条/666.7m²，结合间苗进行大培土。先剥除基部蔗叶，去除多余分蘖，施好肥料和农药后，再犁松畦沟土，把行间土壤培在蔗株基部，要求填满丛间，培高 20～30cm，使蔗株分布均匀。

8.6.3　首次剥叶后再进行一次高湿培土，高度 15cm～20cm，增强抗倒能力。

8.7　追肥

8.7.1　分蘖盛期结合小培土施尿素 10kg～15kg/666.7m² 或不含氯三元复合肥 30kg/666.7m²；

8.7.2　拔节开始时结合大培土，并施不含氯三元复合肥 100kg，菜籽饼肥 100kg。

8.8　灌溉和排水

8.8.1　苗期保持田间土壤湿润无积水。雨水多时要及时清沟排水防渍害；遇旱要灌溉，保持土壤湿润。

8.8.2　伸长拔节期需水量大，要求土壤持水量保持 80% 左右，做到晴天泥湿润，雨天不积水。蔗叶不卷起，早晨"露水叶"的好长势。有条件的地方，实行勤灌浅灌的动态水管理方法。

8.8.3　生长后期注意灌排水，保持土壤湿润。

8.9　剥叶

伸长盛期后，每隔半月至一月剥一次枯叶、黄叶、老叶、病叶，并将剥除叶片带出田外。剥叶的间隔时间应相同，以保持蔗茎颜色均匀。

9 病虫害防治

9.1 病虫害防治原则

根据病虫害和生理性病害发生实际程度对症用药，因防治对象、农药性能以及抗药性程度不同而选择最合适的无公害农药品种和最佳浓度，能挑治的不普治，能少治的不多治，根据防治指标适期防治，选用合理的施药器械和施药方法，尽量减少农药使用次数和用药量，降低对果蔗的污染。

9.2 严格执行国家规定，禁止使用国家禁用的农药，不准使用高毒、高残农药。

9.2.1 禁止使用对后茬作物生长有影响的农药。

9.2.2 使用药剂防治时要严格执行 GB4285 和 GB/T8321（所有部分）。

9.3 地下害虫

9.3.1 为害果蔗的地下害虫主要有蝼蛄、蛴螬、地老虎等。

9.3.2 下种时防治

在沟内浇施 0.5％浓度辛硫磷溶液或撒施 3％辛硫磷颗粒剂 2.7kg/666.7m^2。

9.3.3 出苗后防治

如发生地下害虫危害，可用米糠或菜饼碾成粉炒熟，每 50kg 拌 90％晶制敌百虫 1kg，于傍晚撒施在果蔗种植行上诱杀。

9.4 二点螟和大螟

在螟虫卵孵始盛期至 1 龄幼虫期，可选用 5％锐劲特胶悬剂 1 000 倍，或 1.8％阿维菌素乳油加 40％乐果乳油兑水 1 000 倍，或 10％杀虫单粉剂 1 000 倍，或 18％莜酮·杀双 1 000 倍。药液量要充足，喷洒均匀，并注意农药交替使用。

9.5 糖蓟马、蚜虫

在点片发生期，可选用 10％吡虫啉可湿粉剂 2 500 倍，或5％锐劲特胶悬剂 1 000 倍细喷雾。

9.6　茎腐病

10％新植霉素粉剂 1 000 倍液细喷雾。

9.7　虎斑病

40％井冈霉素水剂 1 000 倍液细喷雾。

9.8　凤梨病

用 50％甲基托布津可湿粉剂 1 000 倍液浸种。

9.9　梢腐病

用 50％甲基托布津可湿粉剂 1 000 倍液喷雾。

9.10　花叶病

选无病蔗种，采用无病脱毒苗，抓好蚜虫防治。

9.11　根腐病

55％敌克松粉剂 500 倍液 250kg 浇根。

10　收获

立冬后，在最低温 3℃～5℃前，全茎上下部位含糖分接近，果蔗渐趋成熟，即可收获。果蔗经一次轻霜叶变黄色后收获较好，不仅品质佳，也耐贮藏。不宜重霜或结冰后收获。收获时必须从原种处挖起，除去根部附泥，砍掉蔗梢叶。

11　贮存

11.1　室内贮存

室内温度以 5℃～8℃为宜。每 10 根整齐捆扎成一捆，将果蔗横放在地上，根与根、梢与梢对齐，平地叠放。高度以50cm～60cm 为宜，茎部用编织塑料布或松软物质覆盖，根部保持潮湿。要定期翻堆检查并挑出病变蔗茎。

11.2　室外坑藏

11.2.1　选址

选择地势高燥、排水畅通、四周无污染源、运输方便的田头地边挖坑。

11.2.2 挖坑

坑宽为一捆蔗长，坑深为四捆蔗叠起的高度，坑长视果蔗数量而定，一般坑长 10m～20m，可放果蔗 200 捆～400 捆。

11.2.3 藏种

先在坑底用蔗叶垫放，然后将蔗种整齐堆放在坑内，如气温较高，根部浇些水，蔗面用托布津灭菌。然后盖上蔗叶，细泥严封。坑四周开通排水沟，防止坑内积水蔗种变质。

11.2.4 贮藏管理

围绕"五防"：即防冻、防热、防干、防湿、防鼠，开展室外窖藏管理工作。要勤检查，特别是遇到突发性灾害天气时，要采取"五防"相应措施进行预防。

附录 A
（资料性附录）
无公害果蔗推荐使用农药安全标准

农药名称 （通用名）	剂　型	常用药量（g·ml/ $667m^2$）或稀释倍数	施用 方法	最多使用 次数	安全间隔 期（天）
阿维菌素	1.8%EC	33～50ml	喷雾	1	14
苏云金杆菌	8 000ug/mg	60～100g	喷雾	3	
锐劲特	5%SC	17～33ml	喷雾	2	10
抑太保	5%EC	40～60ml	喷雾	1	10
卡死克	5%EC	40～60ml	喷雾	1	10
捕快（吡·阿）	1.5%WP	1 000～1 500	喷雾	2	5
吡虫啉	10%EC	10～20g	喷雾	2	7
扑虱灵	25%WP	25～50g	喷雾	2	
喹硫磷	25%EC	60～100ml	喷雾	2	1
毒死蜱	40%EC	50～70ml	喷雾	2	7
敌敌畏	80%EC	100～200g	喷雾	3	7
敌百虫	90%晶体	100g	喷雾	2	7
乐果	40%EC	50～100ml	喷雾	1	7
辛硫磷	50%EC	50～100ml	喷雾	5	3
			浇根	1	17
	3%GR	2.5～3kg	沟施	1	30

（续）

农药名称 （通用名）	剂　型	常用药量（g.ml/ 667m²）或稀释倍数	施用 方法	最多使用 次数	安全间隔 期（天）
茯酮·杀双	18%WG	1 000	喷雾	3	15
杀虫单	80%WG	40g	喷雾	3	15
新植霉素	1 000单位	4 000	喷雾		
井岗霉素	5%AC	500	喷雾		
克露（霜脲·锰锌）	75%WP	500～800	喷雾	2	5
甲霜灵锰锌	58%WP	75～120g	喷雾	3	21
代森锰锌	80%WP	500～800	喷雾	2	15
	70%WP	500～700		3	7
杀毒矾（噁霜·锰锌）	64%WP	110～130g	喷雾	3	3
多菌灵	50%WP	500～1 000	喷雾	2	5
甲基托布津	70%WP	1 000～1 200	喷雾	2	5
扑海因（异菌脲）	50%SC	1 000～2 000	喷雾	1	10
氢氧化铜	77%WP	134～200g	喷雾	3	3
乙草胺	50%EC	50ml	喷雾	1	
速克灵（腐霉利）	50%WP	40～50g	喷雾	2	1
三唑酮	25%WP	35～60g	喷雾	2	7
敌克松	55%WP	500	浇根	2	
扑草净	40%WP	200g	喷雾	2	14
精吡氟禾草灵	15%EC	30～60ml	喷雾	1	

　　EC-乳油　SC-胶悬剂　WP-可湿性粉　WG-水分散（粒）剂　GR-颗粒剂
AC-水剂

浙江省地方标准—无公害中药材延胡索
（元胡）（节选）

（本标准由浙江省质量技术监督局于 2002 年 9 月 24 日发布、
11 月 24 日起实施，标准编号：DB33/382.1～382.2—2002、
DB33/T382.3～T382.4—2002 和 DB33/382.5—2002）

第 2 部分：种块茎

1　范围

DB 33/382—2002 的本部分规定了元胡种块茎的术语和定义、要求、试验方法、检验规则、标识、包装、运输及贮存。

本部分适用于元胡种块茎。

2 规范性引用文件

下列文件中的条款通过 DB 33/382—2002 的本部分的引用而成为本部分的条款。凡是注日期的引用文件，其随后所有的修改单（不包括勘误的内容）或修订版均不适用于本部分，然而，鼓励根据本部分达成协议的各方研究是否可使用这些文件的最新版本。凡是不注日期的引用文件，其最新版本适用于本部分。

GB/T 191—2000　包装储运图示标志

GB/T 3543.2—1995　农作物种子检验规程　扦样

GB/T 3543.3—1995　农作物种子检验规程　净度分析

GB/T 3543.4—1995　农作物种子检验规程　发芽试验

GB 15569　农业植物调运检疫规程

3 术语和定义

下列术语和定义适用于 DB33/382—2002 的本部分。

3.1 元胡种块茎

由元胡的地下茎节膨大形成的用作繁殖的块茎。

4 要求

4.1 原植物

罂粟科植物延胡索 *Corydalis yanhusuo* W. T. Wang 为多年生草本，块茎球形或扁球形，外皮灰棕色，内黄白色，上具数个芽眼。株高 10cm～20cm，在基部上生一鳞片，其上生 3 叶～4 叶，叶互生，有柄，为二回三出复叶，小叶长椭圆形至倒卵形，全缘。总状花序，顶生，苞片卵形，萼片极小，早落；花瓣紫红色，四枚排为二轮，外轮二枚稍大，上部一枚尾部，成长距，内轮二枚狭小，愈合；雄蕊 6 枚，子房上位、扁圆形，蒴果扁柱形。花期 4 月，果期 5 月～6 月。

4.2 元胡种块茎

元胡种块茎外观新鲜饱满无伤疤、无检疫性病虫害，元胡种块茎分为一级、二级。

4.3 元胡种块茎质量等级指标

元胡种块茎质量等级指标见表 1，低于二级标准的种块茎不得作为生产上种块茎使用。

表 1 元胡种块茎质量等级指标

级　　别	净　度（%）	千克粒数（粒/kg）	发芽率（%）
一　　级	≥95	1 000～1 200	≥95
二　　级	≥90	1 200～1 500	≥90

5 试验方法

5.1 净度的测定

按 GB/T3543.3—1995 的规定执行。

5.2 千克粒数的测定

用分度值 1g 的天平称重，并数粒。

5.3 发芽率的测定

按 GB/T3543.4—1995 的规定执行。

5.4 检疫性病虫害的测定

按 GB15569 的规定执行。

6 检验规则

6.1 批次

同一产地、同期收获、同一等级的元胡种块茎作为一批次。

6.2 抽样

按 GB/T 3543.2—1995 规定执行。

6.3 判定规则

检验结果全部符合标准者，则该批为合格。否则，在同一批次中加倍抽取样品复检一次，若复检结果仍有原有指标不符合标准规定，则判定该批产品为不合格。

7 标识、包装、运输和贮存

7.1 标识

7.1.1 标志

包装储运标志应符合 GB/T191—2000 规定。

7.1.2 标签

种块茎包装上应附有标签。标明产品名称、等级、净含量、批号、产地、生产单位、收获日期、产品标准号等。

7.2 包装

种块茎可用编织袋、布袋、篓筐等符合卫生要求的包装材料包装。

7.3 运输

种块茎进行长途运输时，应注意装车时不能堆压过紧，装车后及时启运，要有防雨防晒措施。跨境调运时，在运输前应经过检疫并附植物检疫证书。

7.4 贮存

7.4.1 场地的选择

应选通风、阴凉、干燥、泥土地面的仓库或室内贮存。

7.4.2 材料

含水量为 15％～25％的细砂土。

7.4.3 风干

将从地里挖回的种块茎摊放在阴凉、通风处晾 4d～5d，待种块茎表皮风干发白后保存。

7.4.4 保存

地面先铺一层 5cm 厚的细砂土，上铺一层 8cm～10cm 厚的种块茎，再在种块茎上覆盖 10cm 厚的细砂土，再在上面铺一层 8cm～10cm 的种块茎，然后覆盖一层 8cm～10cm 的细砂土。如此一层细砂土，一层元胡种块茎交替贮存，可贮存 2 层～3 层种块茎。

金华市地方农业标准规范—金华早萝卜

（本标准由金华市质量技术监督局于 2003 年 11 月 10 日
发布实施，标准编号 DB330700/T034—2003）

金华早萝卜特征特性及丰产栽培技术规程

1　范围

本标准规定了金华早萝卜（金华农家品种）的主要特征特性
及其丰产栽培技术要点。

本标准适用于金华早萝卜的生产。

2　规范性引用文件

下列文件中的条款通过本标准的引用而成为本标准的条款。
凡是注日期的引用文件，其后所有的修改单（不包括勘误的内
容）或修订版均不适用于本标准，然而，鼓励根据本标准达成协
议的各方研究是否可使用这些文件的最新版本。凡是不注日期的
引用文件，其最新版本适用于本标准。

GB4286　农药安全使用标准

GB/T8321（所有部分）　农药合理使用原则

NY/T 496　肥料合理使用准则　通则

DB33/406—2003　瓜菜作物种子（一）

3　主要特征特性

3.1　形态特征

叶簇直立，高 25cm～30cm，开展度 20cm～25cm，叶片 10
张左右；叶长 28cm～30cm，宽 8cm～9cm，板叶，淡绿色，叶
脉、叶柄及柄基部均呈绿白色；肉质根圆柱形，长 14cm～
16cm，横径 5cm～6cm，重 200g～300g，约三分之一露土，表
皮光滑、白色。

3.2 生长期

在常规栽培条件下，播种至鲜萝卜成熟 55 天～60 天。

3.3 品质

鲜萝卜微甜、皮薄、肉质细嫩，松脆，水分较多，不易糠心；煮食易烂。

4 丰产栽培技术要点

4.1 土壤选择

选取土层深厚、土质疏松的土壤，pH 宜 5.5～7.0，前作忌种十字花科。整地时必须深耕细耙，除去土壤中的石砾、硬块、树根等，以免造成肉质根弯曲或分叉，影响品质和产量。

4.2 种子质量

种子质量按 DB33/406—2003 瓜菜作物种子（一）执行。种子纯度≥90.0%，净度≥97.0%，发芽率≥%，水分≤8.0%。

4.3 适期播种

河谷平原地区在 8 月中旬至 9 月下旬播种，以 9 月上旬为最适播期；山区（海拔 500～1 000 米）宜安排于 5 月～7 月播种，过早播种容易出现先期抽薹现象。

4.4 播种量与密度

播种量：穴播 0.6kg/666.7m²，条播 0.8kg/666.7m²，散播 2.0kg/666.7m²。在整地后 7 天～10 天播种，种子落土后应耙平、镇压，使种子与土壤紧密贴合，并在畦面覆草，以防止雨水冲刷或减少土壤水分蒸发，有利于出苗。

4.5 田间管理

4.5.1 间苗

出苗 10 天左右即可间苗，除去骈株、杂株、弱株和病株，保留子叶肥大、色绿、无缺损和心叶鲜嫩、无病虫害，以及下胚轴直立粗壮、不倒伏的强势苗。保留苗间距 10cm～20cm。

4.5.2 施肥

4.5.2.1 施肥原则

按 NY/T496 执行。不使用工业废弃物、城市垃圾和污泥。不使用未经发酵腐熟、未达到无害化指标、重金属超标的人畜粪尿等有机肥料。

4.5.2.2　施肥方法

施肥应把握基肥足、追肥早原则。基肥以选用经沤制腐熟的有机肥为佳。每 666.7m² 施入腐熟有机肥 2 500kg，氮、磷、钾三元复合肥 10kg，草木灰 50kg，肥料耕入土中，而后耙平做畦。当需用化肥作基肥时，应注意氮、磷、钾肥配合施用。追肥用稀薄人粪尿或速效氮肥，根据萝卜长势而定，如果植株长势瘦弱、发黄，则要及时追肥，追肥可结合间苗进行，浓度不宜太大，离根不能太近以免烧根。

4.5.3　浇水

浇水应根据作物的生育期、降雨、温度、土质、地下水位、空气和土壤湿度状况而定。

A. 发芽期：播后要充分灌水，土壤有效含水量在 80% 左右。

B. 幼苗期：苗期根浅，需水量小，遵循"少浇勤浇"的原则，土壤有效含水量宜在 60% 左右。

C. 叶生长盛期：此期叶数不断增加，叶面积逐渐增大，肉质根也开始膨大，需水量大，但要适量灌溉。

D. 肉质根膨大盛期：此期需水量最大，应充分均匀浇水，土壤有效含水量宜在 70%～80%。切忌忽干忽湿，以免肉质根开裂。

4.5.4　病虫害防治

4.5.4.1　农业防治

合理布局，实行轮作倒茬，提倡与高秆作物套种，清洁田园，加强中耕除草，降低病虫源数量；培育无病虫害壮苗。

4.5.4.2　药剂防治

4.5.4.2.1　药剂使用的原则和要求

4.5.4.2.1.1 禁止使用国家明令禁止的高毒、剧毒、高残留的农药及其混配农药品种。禁止使用的高毒、剧毒农药品种有：甲胺磷、甲基对硫磷、久效磷、磷胺、甲拌磷、甲基异柳磷、特丁硫磷、甲基硫环磷、治螟磷、内吸磷、克百威、涕灭威、灭线磷、硫环磷、蝇毒磷、地虫硫磷、氯唑磷、苯线磷、六六六、滴滴涕、毒杀芬、二溴氯丙烷、杀虫脒、二溴乙烷、除草醚、艾氏剂、狄氏剂、汞制剂、砷、铅类、敌枯双、氟乙酰胺、甘氟、毒鼠硅等农药。

4.5.4.2.2 使用化学农药时，应执行 GB 4286 和 GB/T 8321（所有部分）。

4.5.4.2.3 合理混用、轮换、交替用药，防止和推迟病虫害抗性的产生和发展。

4.6 采收上市

在播种后 55 天～60 天鲜萝卜即可采收上市。

金华市地方农业标准规范—冷水茭白（节选）

（本标准由金华市质量技术监督局于 2003 年 11 月 10 日发布实施，标准编号：DB330700/T029.1～T029.4—2003）

冷水茭白 第 2 部分：种苗

1 范围

本部分规定了冷水茭白种苗的术语和定义、种苗要求、试验方法、检验规则、标志、包装、运输。

本标准适用于冷水茭白的种苗。

2 术语和定义

下列术语和定义适用本部分

2.1 雄茭：指未被黑粉菌寄生、茭茎不能膨大的茭株。

2.2 灰茭：茭肉被黑粉菌的厚垣孢子所充满，茭肉粗短，布满黑色点、条。

2.3 种墩：指用于第二年作栽培苗用的茭白墩。

3　种苗要求

3.1　种苗选择

3.1.1 优良母株标准要求：株形整齐、孕茭率高、结茭早、茭肉肥大、茭形整齐、肉白质嫩、苔管短、分蘖密集，并且成熟一致。

3.1.2 选择时期：第一次于采收中前期根据优良母株标准要求做好留种标记；第二次结合冬季田间管理及时掘出雄株、杂株、灰株及不符合产品质量要求退化品种的茭墩；第三次定植前去除劣株、病株、杂株。

3.1.3 留种茭墩中没有雄茭和灰茭，且分蘖节位低。

3.1.4 茭苗生长势不过旺，苗株矮壮，叶色淡黄绿，苗高 20cm～40cm。

3.2　种苗繁殖基地

为保持茭白品种特性，提高种苗质量、纯度，提倡建立专门的种苗繁殖基地进行提纯复壮，有效控制种苗退化。

3.3　种苗分级

种苗分级以苗高、茎基宽、雄茭灰茭率、单株蘖数为参数，分为一级苗、二级苗，低于二级苗标准的不得作为生产性商品出售。

3.4　种苗质量要求

种苗质量应符合表1的规定。

表1　种苗质量要求

级别	苗高 （cm）	茎基宽 （cm）	雄、灰茭率 （%）	单株蘖数 （个）	叶色	检疫对象
一级	20～30	≥0.4	≤5	4～5	浅黄绿色	无
二级	31～40	≥0.3	≤10	6～7	浅黄绿色	无

* 种苗质量标准指当前金华市生产种植推广品种，如有新品种引种推广，按新品种标准执行。

4　试验方法

4.1　苗高：用直尺测量种苗基部至最高叶尖的长度。

4.2　茎基宽：用游标卡尺测量种苗基部宽度。

4.3　单蘖标准：目测从种苗主茎长出的有一片以上真叶的分蘖数。单蘖一般包括3～4片披针形叶片。

5　检验规则

5.1　组批

以相同自然条件、管理方法进行培育的同一品种、同一天起苗的种苗为一批。

5.2　抽样方法

样本从起苗的种苗中按表2随机抽样。

表2　抽样样本数

批量数（墩）	样本数
＜5 000	10
5 001～10 000	11～20
＞10 001	21～30

5.3　判定规则

对抽取样本种苗逐墩检验，一墩中有一项不符合表1要求就判定为不合格。当不合格墩数≥10％时，判定该批种苗不合格。

5.4　质量仲裁与合格证填发

5.4.1　供需双方对茭白种苗质量有异议时，双方可以协商解决，或由法定质量检验机构检验后仲裁。

5.4.2　检验合格的茭白种苗，应由种苗生产单位填发合格证书。

5.5　样品检验时，必须在冻结状态下迅速进行。

6　标志、包装、运输

6.1　标志

每批种苗应附合格证。合格证应标明品种名称、等级、数量、标准号、出售日期、育苗单位等。

6.2　包装运输

6.2.1 种苗包装采用散装或筐装，装运时不堆高、不紧压。长途运输应注意遮阳保湿，装车后及时启运，并备有防风、防晒设施。

6.2.2 向外调运种苗，调运前应经过检疫并附检疫证书。

金华市地方农业标准规范—席草

（本标准由金华市质量技术监督局于 2003 年 10 月 1 日发布、11 月 1 日起实施，标准编号：DB330700/T030—2003）

席草生产技术规程

1　范围

本标准规定了席草的定义、大田栽培技术、留种技术及草丝质量等级。

本标准适用于金华市境内的席草生产加工企业、种植农户和基地。

2　规范性引用文件

下列文件中的条款通过本标准的引用而成为本标准的条款。凡是注日期的引用文件，其随后所有的修改单（不包括勘误的内容）或修订版均不适用于本标准，然而，鼓励根据本标准达成协议的各方研究是否可使用这些文件的最新版本。凡是不注日期的引用文件，其最新版本适用于本标准。

GB 4285—1989　农药安全使用标准。

GB/T 8321.1—2000　农药合理使用准则（一）

GB/T 8321.2—2000　农药合理使用准则（二）

GB/T 8321.3—2000　农药合理使用准则（三）

GB 8321.4—1993　农药合理使用准则（四）

GB/T 8321.5—1997　农药合理使用准则（五）

GB/T 8321.6—2000　农药合理使用准则（六）

DB33/T 296.2—2000　　无公害稻米第 2 部分：生产技术准则

3　定义

下列定义适用于本标准。

3.1　轮作

轮作是在一定的周期内，将不同的作物按顺序在同一块田上逐年轮换种植的方法。

3.2　搁田

搁田又称晒田，指排干田间积水，改变土壤、水气、温度等状况，促进或控制作物生长的管理方法。

3.3　割尖

留取草丝近地面的部分，割去草茎上端部分的技术措施，具有促进分蘖、增长高度等作用。

3.4　秋繁留种

席草母桩在本田越夏后，先分株寄植于专用秧田，下半年利用新生草茎再移植到大田的留种方法。

3.5　老桩留种

席草母桩在本田越夏、繁殖，下半年直接将母桩的新生草茎分株移植到大田的留种方法。

3.6　越夏期

指席草留种后到立秋前这一段夏季高温时期。

3.7　长草及长草率

长草指长度大于 110 厘米的草丝。

长草率指长草数占草丝总数的百分比，计算公式为：

$$长草率（\%）= \frac{长草数}{总株数} \times 100 \quad\cdots\cdots\cdots\cdots\cdots\cdots（1）$$

3.8　规格草及规格草率

规格草指长度在 70 厘米到 110 厘米之间的草丝。

规格草率指规格草数占草丝总数的百分比，计算公式为：

$$规格草率（\%）=\frac{规格草数}{总株数}\times100 \cdots\cdots\cdots\cdots（2）$$

3.9　下脚草及下脚草率

下脚草指长度小于 70 厘米的草丝。

下脚草率指下脚草数占草丝总株数的百分比，计算公式为：

$$下脚草率（\%）=\frac{下脚草数}{总株数}\times100 \cdots\cdots\cdots\cdots（3）$$

$$总株数=下脚草数＋规格草数＋长草数\cdots\cdots\cdots\cdots（4）$$

3.10　伤草及伤草率

伤草指不利于草席加工的开花株、病虫害株及断折株。

伤草率指伤草数占规格草丝以上的草丝总数的百分比，计算公式为：

$$伤草率（\%）=\frac{伤草数}{规格草＋长草数}\times100 \cdots\cdots\cdots\cdots（5）$$

4　大田栽培技术

4.1　品种

应选择产量高、长草率高、抗倒性强，适合加工的专用型品种。

4.2　轮作

同一田块以间隔 1 年种植席草为宜。

4.3　移栽

4.3.1　选择田块

宜选择耕层深厚、土壤肥沃、排灌方便的壤土或粘壤土种植。

4.3.2　整理大田

4.3.2.1　基肥可每 666.7 平方米施用复合肥 50 千克，或用碳酸氢铵 40 千克、过磷酸钙 30 千克、氯化钾 15 千克拌匀后撒施，宜先翻耕，再施肥，然后耖耙田面。提倡施用有机肥，有机肥应在翻耕前施入田内。

4.3.2.2 耥平田面，按畦宽 6 米开好田沟，沟宽 30 厘米，待表面泥土软而不糊时移栽。

4.3.3 起苗

起苗时先用镰刀割去草尖，留草秧高度 16 厘米～20 厘米，然后用锄头入土 3 厘米～4 厘米起苗。沿鞭状地下茎发生方向掰分草秧，每丛 8 个～10 个茎芽，剔除杂草、枯茎和有虫茎。应在起苗后 1 天内移栽。

4.3.4 移栽要求

移栽期宜在 10 月下旬至 11 月上旬。种植密度为（20～23）厘米×（20～23）厘米。插种深度 3 厘米～4 厘米。

4.4 大田管理

4.4.1 追肥

4.4.1.1 追肥应注意以下几点：

　　a）不在有露水时施肥；

　　b）不在田面无水状态下施肥；

　　c）不在中午高温时施肥；

　　d）不一次性大肥量施肥，尿素用量每 666.7 平方米不宜超过 10 千克。

4.4.1.2 移栽后 10 天～12 天施苗肥，每 666.7 平方米施用尿素 5 千克。

4.4.1.3 1 月底 2 月初越冬肥每 666.7 平方米施用复合肥 20 千克。

4.4.1.4 2 月底 3 月初促蘖肥每 666.7 平方米施硫酸铵 25 千克，或碳酸氢铵 30 千克、过磷酸钙 25 千克充分混拌后均匀撒施，同时施用氯化钾 7.5 千克～10 千克。

4.4.1.5 催长肥一般施用 3 次；第一次 4 月上旬每 666.7 平方米施尿素 10 千克，或硫酸铵 20 千克；第二次 5 月上旬每 666.7 平方米施复合肥 30 千克；第三次 6 月上旬每 666.7 平方米看苗施尿素 5 千克～7.5 千克。

4.4.2 病虫草害防治

4.4.2.1 农药使用原则

禁止使用 DB33/T296.2—2000 规定的农药以及混配制剂，见附录A。后作不是晚稻的，禁止使用甲黄隆以及混配制剂。

应遵守 GB4285—1989、GB/T8321.1—2000、GB/T8321.2—2000、GB/T8321.3—2000、GB8321.4—1993、GB/T8321.5—1997、GB/T8321.6—2000 的规定，宜使用表1的农药。

表1 席草生产常用农药及除草剂

农药名称	剂型	每次常用量（g/667m²，或ml/667m²）	最多使用次数	安全间隔期（天）	备 注
三唑磷	20%乳油	150	2	15	
乙磷铝	80% 可湿性粉剂	100	2		
井岗霉素	3%水剂	250			
多菌灵	50% 可湿性粉剂	100			
甲黄隆	10% 可湿性粉剂	4	1		
丁草胺	50%乳油	100	1		拌细沙 10 公斤使用
草甘磷	10%水剂	500	1		翻耕前 5 天～7 天使用
高效盖草能	10.8%乳油	20	1		
精稳杀得	15%乳油	50	1		

4.4.2.2 除草

4.4.2.2.1 移栽后 20 天～25 天，排干田水，每 666.7 平方米用 10% 甲黄隆 4 克，先调成糊状，冲水 40 千克均匀喷雾，不应重喷。

4.4.2.2.2 2 月底 3 月初留水层 3 厘米～4 厘米，每 666.7 平方米用 50% 丁草胺 100 毫升先与 10 千克细砂或细泥拌混均匀，再与 4.4.1.4 要求的肥料拌混均匀后撒施。

4.4.2.2.3 4月上中旬视杂草情况先排干田水，每 666.7 平方米用 10.8％高效盖草能 20 毫升或 15％精稳杀得 50 毫升冲水 40 千克均匀喷雾。

4.4.2.3 虫害防治

防治对象主要为席草螟，防治时期为 4 月下旬、5 月下旬各一次。每 666.7 平方米用 20％三唑磷 150 毫升冲水 50 千克喷雨。

4.4.2.4 病害防治

病害主要为纹枯病和茎枯病。5 月中旬开始根据病情每 666.7 平方米用 50％多菌灵 100 克或 80％乙磷铝 100 克加 3％井岗霉素 250 毫升冲水 40 千克喷雾。间隔 10 天～15 天后再防治 1 次。

4.4.3 灌水管理

4.4.3.1 原则

灌水管理应采取浅水勤灌，间歇灌溉的原则，忌长期深水淹灌。

4.4.3.2 灌水

4.4.3.2.1 下列情况应灌水，并保持水层 5 天～7 天：

　　a）施肥；

　　b）病虫草害防治需用水的。

4.4.3.2.2 下列时期应灌水护苗：

　　a）移栽后到返青成活，深水护苗；

　　b）冬季寒潮、冰冻天气来临时，深水护苗；

　　c）割尖后灌深水护苗。

4.4.3.3 搁田

4.4.3.3.1 下列时期应进行搁田：

　　a）12 月至次年 2 月下旬，可重搁至田面表土裂缝；

　　b）3 月中、下旬，露田轻搁；

c) 5月初，露田轻搁；

d) 6月初，重搁田至田面表土发硬。

4.4.3.3.2 割前7天断水，促进田面干硬。

4.4.4 割尖挂网

4.4.4.1 割尖

4.4.4.1.1 割尖时期一般为4月初，同时可参考下列指标：

a) 苗高达到50厘米；

b) 每丛苗数达到120株。

4.4.4.1.2 当出现下列情况之一时，不应进行割尖：

a) 时间在4月15日之后；

b) 生长差的田块。

4.4.4.1.3 割尖留苗高度以离地面35厘米～40厘米为宜。

4.4.4.1.4 割尖应割平、割齐，并留田塍四周的第一丛不割。

4.4.4.2 挂网

挂网的适期为4月底到5月初。按6米一畦的宽度进行打桩，桩直径6厘米～8厘米，桩高1.8米～2米，每隔3米打1个桩。网的规格为：宽6米，长18米，网眼30厘米×30厘米。网应拉紧拉平，保持席草梢尖超出网面20厘米～25厘米，随席草伸长及时提高网的高度。

4.4.5 收获

4.4.5.1 收割

4.4.5.1.1 当草丝伸长停滞，色泽由深绿转翠绿，草丝由软变为稍硬而富有弹性时可进行收割。

4.4.5.1.2 收割时期为6月下旬至7月初。

4.4.5.1.3 应抢晴收割，时间以早晨或傍晚5时后为宜。

4.4.5.1.4 割时齐泥割平，抖去下脚草，剔除杂草、枯茎。

4.4.5.1.5 宜选择沙滩、水泥场地作晒场，也可选择高燥田块，用尼龙绳搭起宽110厘米～120厘米，离地面高5厘米～6厘米的简易架作晒场，或采用机械烘干。草丝晒时尖头聚拢，茎基落地散开，使草丝在地上铺开呈扇形。

4.4.5.1.6 当草丝晒干，达到干茎直硬，折之易断，草色绿中带白，基部发白时，入库贮藏。

4.4.5.2 贮藏

仓库应选择干燥、无杂物、无鼠、无漏水、无易燃品的房子，单独存放。在底部先垫一层晒热的稻草，然后将晒热的席草捆后进仓，草捆平放，相互倒转，根部朝外，成"品"字形，每层放些干燥的稻草。堆放完成后，外面用薄膜盖好，四周压紧。也可采用专用袋套藏，每袋装干草丝 10 千克，袋口绑紧。

5 留种技术

5.1 老桩留种技术

5.1.1 选择留种田

留种田应选择席草生长健壮、病虫害轻、排灌自如的田块。留种田与本田的比例为 1：（15～20）。

5.1.2 留种时间

留种田的席草应比大田提早时间收获，以 6 月中旬为宜。

5.1.3 留桩高度

留桩高度 6 厘米～7 厘米。

5.1.4 越夏期管理

5.1.4.1 灌水管理应浅水勤灌，防止高温伤苗或深水淹苗。

5.1.4.2 在 7 月中下旬应采取以下管理措施：

　　a）结合耘田挖除杂草；

　　b）每 666.7 平方米施稀薄人粪尿 500 千克；

　　c）每 666.7 平方米用 20％三唑磷 150 毫升冲水 40 千克喷雾，以防治席草螟等。

5.1.5 中后期管理

5.1.5.1 在 8 月中下旬每 666.7 平方米追施稀薄人粪尿 500 千克，或硫酸铵 10 千克，移栽前 10 天～15 天每 666.7 平方米施尿素 7.5 千克作起身肥。

5.1.5.2 在 9 月中下旬防治席草螟，措施见 5.1.4.2 的第 3 项。

5.1.5.3 灌水管理见 5.1.4.1。

5.2 秋繁留种技术

5.2.1 移植前的管理

移植前的管理同老桩留种技术，见 5.1.1、5.1.2、5.1.3、5.1.4。

5.2.2 秧田

宜选择排灌方便、土壤肥沃的田块。秧田与本田的比例为 1:（10～15）。

5.2.3 翻耕

5.2.3.1 秧田应在翻耕前 3 天～5 天每 666.7 平方米用 10% 草甘磷水剂 500 毫升冲水 30 千克均匀细喷雾杀灭老草。

5.2.3.2 在秧田翻耕后，宜每 666.7 平方米施用复合肥 50 千克，或碳酸氢铵 35 千克，过磷酸钙 25 千克，氯化钾 7.5 千克混合拌匀后撒施，然后秒耙田面。

5.2.3.3 翻耕后整平畦面，每 6 米宽开一条畦沟。

5.2.4 移栽

5.2.4.1 移栽时应掌握以下几个环节：

　　a) 移栽时间为 8 月 5 日～10 日；

　　b) 移栽密度为 16.5 厘米×16.5 厘米；

　　c) 每丛插草秧茎芽 8 个～10 个；

　　d) 插秧深度 2 厘米～3 厘米。

5.2.4.2 不宜在下列情况下移栽：

　　a) 阳光猛烈、高温的正午；

　　b) 表面泥土过糊。

5.2.5 管理

5.2.5.1 灌水管理应掌握浅水勤灌的原则，不应出现下列情况：

　　a) 漫灌或长期深水淹灌；

　　b) 断水晒干田面。

5.2.5.2 防除杂草宜在移栽后 15 天～20 天每 666.7 平方米用 10.8%高效盖草能乳油 20 毫升冲水 30 千克均匀喷雾。移栽 30 天后每 666.7 平方米用 50%丁草胺乳油 100 毫升拌土均匀撒施，保持浅水层 5 天以上。

5.2.5.3 追肥宜在 9 月下旬每 666.7 平方米施用尿素 5 千克或硫酸铵 10 千克，以后每隔 15 天左右施用一次，到移栽前 10 天为止。

6 草丝质量等级

6.1 田间抽样的草丝质量等级

田间的草丝质量包括下脚草率、规格草率、长草率、伤草率，应符合表 2 的要求。

表 2 田间的草丝质量等级

（单位为：%）

等级	下脚草率	规格草率	长草率	伤草率
一级	<30	≥45	≥25	<0.5
二级	<35	≥45	≥20	<0.5
三级	<35	≥50	≥15	<0.5
四级	<35	≥55	≥10	<0.5

6.2 成品的草丝质量等级

成品的草丝质量包括下脚草率、规格草率、长草率、伤草率，应符合表 3 的要求。

表 3 成品的草丝质量等级

（单位为：%）

等级	下脚草率	规格草率	长草率	伤草率	草丝色泽
一级	<10	≥65	≥25	<0.5	浓绿、基部清白
二级	<10	≥70	≥20	<0.5	脆绿、基部清白
三级	<10	≥75	≥15	<0.5	黄绿
四级	<10	≥80	≥10	<0.5	黄色

6.3 检测方法

6.3.1 田间检测方法

6.3.1.1　取样

每块田按梅花状随机取样 5 点，每点连续取样 2 丛，齐泥收割草丝。

6.3.1.2　定级

10 丛样品混合后分别考查下脚草、规格草、长草的株数。在规格草以上的草丝样本内，考察伤草株数。根据考查结果判定质量等级，等外品降级使用。

6.3.2　市场检测方法

6.3.2.1　取样

草丝重量在 1 000 千克以下的随机抽取样本 5 个，1 000 千克～5 000 千克随机抽取样本 8 个，5 000 千克以上随机抽取样本 10 个。每个样本重量 1 千克。

6.3.2.2　定级

将所取样本充分混合。在混合的样本中随机抽取 1 千克，分别考查下脚草、规格草、长草的株数和草丝色泽。在规格草以上的样本草丝考查伤草株数。根据考查结果判定质量等级，等外品降级使用。

附录 A

（规范性附录）

无公害稻米禁止使用的农药种类

表 A.1　无公害稻米禁止使用的农药种类

农药种类	名　　称	禁用原因
无机砷	砷酸钙、砷酸铅	高毒
有机砷	甲基胂酸锌（稻脚青）、甲基胂酸铁铵（田安）、福美甲胂、福美胂	高残留
有机锡	三苯基醋酸锡、三苯基氯化锡、毒菌锡、氯化锡	高残留
有机汞	氯化乙基汞（西力生）、醋酸苯汞（赛力散）	剧毒、高残留
有机杂环类	敌枯双	致畸
氟制剂	氟化钙、氟化钠、氟乙酸钠、氟乙酰胺、氟铝酸钠	剧毒、高毒、易药害

（续）

农药种类	名　称	禁用原因
有机氯	DDT、六六六、林丹、艾氏剂、狄氏剂、五氯酚钠、氯丹	高残留
卤代烷类	二溴乙烷、二溴氯炳烷	致癌、致畸
有机磷	甲拌磷、乙拌磷、甲胺磷、久效磷、甲基对硫磷、乙基对硫磷、氧化乐果、治螟磷、蝇毒磷、水胺硫磷、磷胺、内吸磷、	高毒
	稻瘟净、异稻瘟净	异臭味
氨基甲酸酯	克百威（呋喃丹）、涕灭威	高毒
二甲基甲脒类	杀虫脒	致癌
拟除虫菊酯类	所有拟除虫菊酯	对鱼毒性大
取代苯类	五氯硝基苯、五氯苯甲醇（稻瘟醇）、苯菌灵（苯莱特）	国外有致癌报道或二次药害
二苯醚类	除草醚、草枯醚	慢性毒性

金华市地方农业标准规范—
无公害源东白桃

（本标准由金华市质量技术监督局于 2005 年 6 月 20 日发布、7 月 20 日起实施，标准编号：DB330700/T020—2005）

无公害农产品　源东白桃生产技术规程

1　范围

本标准规定了无公害源东白桃的定义与术语、园地建立、树形管理、花果管理、土肥水管理、病虫害防治、果实采收等。

本标准适用于金华市无公害源东白桃生产。

2　规范性引用文件

下列文件中的条款通过本标准的引用而成为本标准的条款。凡是注日期的引用文件，其随后所有的修改单（不包括勘误的内容）或修订版均不适用于本标准，然而，鼓励根据本标准达成协议的各方研究是否可使用这些文件的最新版本。凡是不注日期的引用文件，其最新版本适用于本标准。

GB4285 农药安全使用标准

GB/T8321 农药合理使用准则

NY/T496 肥料合理使用准则 通则

NY5112 无公害食品 桃

NY5113 无公害食品 桃产地环境条件

NY5114 无公害食品 桃生产技术规程

DB33/164 果树苗木分级

GB/15569 农业植物调运检疫规程

3 定义与术语

下列定义与术语适用本标准。

3.1 种苗粗度： 指嫁接口以上 3cm 处的直径大小。

3.2 种苗高度： 指嫁接口与顶芽基部之间的高度。

3.3 疏删： 从基部剪除枝条。

3.4 短截： 将枝条剪去一部分。按修剪程度不同可分轻短截、中短截、重短截。疏果枝常用中短截，更新常用重短截。

3.5 单枝更新： 对长果枝轻剪长放，使枝条中上部结果，基部抽生更新枝。冬剪时回缩原长果枝至新枝处并短截，使之既作结果枝又兼作更新枝。

3.6 双枝更新： 选上、下两个果枝，上枝轻剪，当年结果；下枝重截，留基部两个叶芽作预备枝，冬剪时剪去已结果的长果枝，对预备枝上的两个枝中的上位枝仍作结果枝，下位枝作预备枝。

3.7 抹芽： 抹除不需要的嫩芽。

3.8 摘心： 摘去新梢的顶端部分。

3.9 清耕法： 在秋冬季节进行一次清耕，春夏季节进行多次中耕除草，使土壤保持疏松通气，促进有机质的分解，同时能够抑制杂草生长。

3.10 生草法：在果树行间、株间进行人工播种禾本科、豆科草种，或让杂草自然生长，通过割草或化学除草控制草量。

3.11 成熟：指果实充分发育，并表现出品种典型特征。

3.12 成熟度：果实成熟过程中的不同阶段。

3.13 八成熟：果顶红晕明显扩大，果面断续性红色针孔状条纹增加，果皮白中透红略黄。果面茸毛少，芳香味淡。

3.14 九成熟：果面黄色褪尽，白中透红，芳香味浓，表现出品种的特有风味。

3.15 十成熟：果实皮易剥离，稍压则流汁破裂，果肉呈现出柔软多汁的性状。

4 园地建立

4.1 环境条件

按 NY5113 标准执行。

4.2 种苗

4.2.1 种苗要求：以当年生毛桃作砧木，芽眼饱满、无检疫性病虫害、非检疫性病虫害轻微、根系新鲜、嫁接口愈合良好。

4.2.2 种苗可分成苗、半成苗。成苗分级标准符合表 1 规定，半成苗（芽接苗）分级标准符合表 2 规定。

表 1　无公害源东白桃成苗分级表

项目 等级	高　度 （cm）	粗　度 （cm）	根　系 （条）	壮　芽　数 （个）
一　级	≥70	≥0.7	≥4	整形带内有壮芽 4 个以上
二　级	≥60	≥0.6	≥4	

表 2　无公害源东白桃半成苗（芽接苗）分级表

项目 等级	砧木粗度 （cm）	接芽状况	根系 （条）
一　级	≥0.8	嫁接口愈合良好，接芽（叶芽）饱满	≥4
二　级	≥0.6	嫁接口愈合良好，接芽（叶芽）饱满	≥4

4.2.3 种苗检疫按 GB/15569 标准执行。

4.3　定植

4.3.1　定植时间：12月至翌年2月。

4.3.2　定植密度：根据园地的立地条件（包括土壤、地势等）、管理水平而定，一般株行距2m～4m×2m～4m。

4.3.3　授粉树配备：配置1：3～5经济效益好、花粉量多、花期相近、亲和力强的品种作授粉树。

4.3.4　定植穴准备：定植穴大小宜为80cm×80cm×80cm，在砂土瘠薄地可适当加大。栽植穴内每公顷施有机肥42 000kg～48 000kg作基肥。

4.3.5　栽种

4.3.5.1　定植时测绳拉线，在选定的定植穴上挖个小穴，把苗木放在穴内，理直根系，再加肥沃细土，用手轻轻提苗、踏实、培土，做成稍高于地面的土堆，掌握浅种原则，使苗木嫁接口露出土面。

4.3.5.2　成苗定植后及时浇透水，过一周定干，高度30cm～50cm。

4.3.5.3　半成苗定植后及时抹除砧木萌蘖，集中营养促使接芽萌发生长。待接芽抽梢长至30cm～40cm时摘心，促发一级分枝，再选3条～4条方位合理的分枝留作主枝。

5　树形管理

5.1　幼年树整形：以培养三主枝自然开心形为主。

5.2　成年树修剪

　　可分为休眠期修剪和生长期修剪。

5.2.1　休眠期修剪：又可称冬季修剪，在11月落叶到翌年3月萌芽前均可进行，但以12月至2月初为最适时期。

5.2.1.1　修剪：以调节生长和结果矛盾为主。盛果期的树要疏删、短截和枝组更新相结合，主侧枝采用重剪回缩控制，采用单枝更新或双枝更新，选留预备枝培养结果枝组。

5.2.1.2　结果枝组的修剪：强枝组要去强留弱，缓放结果枝，徒长枝过多的可从基部除去；中庸枝组要"堵前截后"，缩剪先端强枝，疏删后部细弱枝，弱枝组要注意更新复壮，多留更新枝，抽生健壮新梢。

5.2.2 生长期修剪（夏季护理）

5.2.2.1 抹芽：抹除树冠内徒长性芽，剪口下的竞争芽及延长枝上的双芽、三芽。

5.2.2.2 摘心：新梢长 20cm～30cm 时摘除枝条顶端的嫩梢，再次抽生的旺梢，需不断摘心或扭梢。

5.2.2.3 扭梢：5 月～6 月中旬新梢长 15cm～20cm 左右时，将直立的徒长枝或旺枝木质化后扭转。

5.2.2.4 拉枝：5 月～7 月间对角度小、过于直立、生长旺的副主枝或大型枝组进行拉枝、压枝或坠枝。

6 花果管理

6.1 疏花

6.1.1 时间：花蕾期至盛花期。

6.1.2 方法：将主枝、副主枝、结果枝、背上、背下枝的花疏去。

6.2 人工授粉

6.2.1 时间：9：00～16：00。

6.2.2 方法：采集授粉树含苞待放的花蕾，剥下花药，在 20℃～25℃室内或温箱内烘出花粉，收集在小瓶内，与 1：3～4 的淀粉混合，用毛笔沾花粉点授在源东白桃花蕾的柱头上，若授粉后 2 小时～3 小时内遇雨，需重复授粉。

6.2.3 间植授粉树或高接授粉枝

6.2.4 花期放蜂：在花期放蜂传粉，每 0.2 公顷～0.33 公顷桃园放养一箱蜜蜂。

6.3 疏果

6.3.1 时间：盛花后 10 天～15 天，生理落果结束后进行。

6.3.2 留果数：以每公顷 15 000kg 产量计，一般单株留果 80

个～100个，短果枝不留果或仅留1个，中果枝留1个～2个，长果枝留2个～3个。

6.3.3 方法：保证留果数的前提下，疏除小果、畸形果、病虫果、无叶果、并生果、朝天果、过密果及延长枝上果，顺序是先上后下，从内到外。

7　土肥水管理

7.1　土壤管理

7.1.1 土壤耕作：秋施基肥以前，全园深耕，深度40cm左右，2月中下旬进行中耕，夏秋旱季浅耕细作。

7.1.2 幼龄树：行间套种豆类、绿肥等。

7.1.3 成年树：全园清耕法与生草法管理模式相结合。

7.2　水分管理

7.2.1　灌水

7.2.1.1 气温高、土壤干燥的年份应注意灌水，保持田间持水量20%～40%为宜。

7.2.1.2 有条件可用滴灌或喷灌，高温季节应在早晨或傍晚进行。

7.2.2 排水：冬季整修排水沟，夏季清理沟渠，雨天及时排水，忌园地积水。

7.3　施肥

7.3.1 原则：根据NY/T496规定执行。施用的肥料应对桃园环境和果品质量无不良影响，并经过农业行政主管部门登记或免于登记。

7.3.2 禁止使用未经国家或省级农业部门登记的化学和生物肥料，禁止使用含有毒、有害物质的垃圾、污泥及硝酸氮等肥料。

7.3.3　施肥方法和数量

7.3.3.1 基肥：9月份，结合土壤深翻，视树体生长情况、树龄大小情况，每公顷施腐熟有机肥42 000kg～48 000kg。

7.3.3.2 芽前肥：2月中旬发芽前，每公顷施尿素840kg。

7.3.3.3 壮果肥：5月上中旬，生理落果基本停止后每公顷施复合肥840kg。

7.3.3.4 采果肥：果实采收后一周内，每公顷施碳铵840kg。

7.3.3.5 根外追肥：结合病虫防治进行叶面喷施，选用0.3%尿素，0.2%～0.5%磷酸二氢钾，1.0%草木灰浸出液，萌芽后每隔10天～15天喷施一次，共4次～6次。

8 病虫害防治

8.1 综合防治

从生态学的观点出发，本着预防为主的指导思想和安全、有效、经济、简单的原则，因地制宜地合理运用农业、物理、生物、化学的方法，把害虫控制在不足危害的阈值以下。

8.2 防治措施

8.2.1 农业防治

8.2.1.1 加强栽培管理，增强树势，提高树体的抗病虫能力。加强落实整形修剪、开沟排水、合理施肥等各项技术措施。

8.2.1.2 冬季清园，清除病虫枝，清扫落叶，刮除枝干上的病斑和粗皮，并带出园外集中烧毁或深埋。

8.2.1.3 植物检疫：严格执行国家规定的植物检疫制度和相关标准，发现有危险性病虫的危害，应按有关规定处理。

8.2.2 物理防治：利用杀虫灯、性引诱剂、糖醋液等诱杀害虫，或采用套袋方法减少害虫的危害。

8.2.3 生物防治

8.2.3.1 保护和利用天敌，发挥生物防治作用，用有益生物消灭有害生物，扩大以虫治虫、以菌治虫的应用范围。

8.2.3.2 采用捕、捉、击、掏等方法进行人工防治。

8.2.4 化学防治

8.2.4.1 按GB4285、GB/T8321的要求控制用药量及安全间隔期，并遵照国家其它有关规定，药品种类应交替、轮换使用。无公害源东白桃主要病虫害防治历见附录 A（推荐性附录）。

8.2.4.2 严禁使用剧毒、高毒、高残留或具有"三致"（致癌、致畸、致变）的农药，禁止使用的农药品种见附录 B（规范性附录）。

9　果实采收

9.1　采前准备

9.1.1　采收工具：采果篮、梯子、水果箱以及运输工具。

9.1.2　采收时间：在晴天早上露水干后进行为宜。

9.2　采摘

一手扶住结果枝，一手采摘，轻放于果篮中，切忌过满。

9.3　果品质量

9.3.1　符合 NY5112 标准要求。

9.3.2　感观、理化指标：按果实的外观和内在品质分为一级、二级、三级，分级指标以果实九成熟时为标准（见表 3）。远距离销售鲜果七成～八成成熟时采收，近距离销售鲜果可在八成～九成成熟时采摘。

表 3　源东白桃果实分级标准

项目 ＼ 等级	一　级	二　级	三　级
果　形	广卵圆至圆形，无畸形果，无裂果	广卵圆至圆形，果形端正，无畸形果，无裂果	圆形，果形端正，无畸形果，无裂果
果　重	≥225g	≥175g	≥125g
色　泽	果顶有一红晕，果皮有断续性红色条纹，白中透红	果顶有一红晕，果皮白中透红	果顶有一红晕，果皮白里透黄
外　观	果面洁净、无污染、无病斑、无机械损伤	果面洁净、无污染、无病斑、无机械损伤	果面洁净、无污染、无机械损伤、允许有少量病斑
可溶性固形物含量	≥10%	≥10%	≥9.5%

附录 A（推荐性附录）
无公害源东白桃主要病虫害防治历

病虫类型	推荐农药	使用倍数（倍）	使用次数（次）
桃褐腐病	波美 3～5°石硫合剂	—	1
	70%甲基托布津	800～1 000	1～2
	70%代森锰锌	600～800	2～3
	25%乙霉威	800～1 000	1～2
	50%腐霉利	1 000～1 500	1
桃疮痂病	波美 3～5°石硫合剂	—	1
	70%代森锰锌	600～800	2～3
	50%多菌灵	500～1000	1～2
桃缩叶病	80%大生	800	2～3
	50%菌毒清	300～400	1～2
桃炭疽病	等量式波尔多液	160	2～4
	70%甲基托布津	800～1 000	2～3
	60%腈菌唑	1 500～2 000	2～3
	25%溴菌腈	1 200	1～2
桃细菌性穿孔病	波美 3～5°石硫合剂	—	1
	10%农用链霉素	500～1 000	2～3
	70%代森锰锌	600～800	2～3
桃小食心虫	20%氰戊菊酯	2 500～3 000	1～2
	1.8%阿维菌素	3 000	3～4
	48%毒死蜱	1 000～2 000	1

附录 B（规范性附录）
无公害源东白桃中禁止使用的农药品种

种　类	农　药　名　称	禁用原因
无机砷杀虫剂	砷酸钙、砷酸铅	高毒
有机砷杀菌剂	甲基胂酸锌、甲基胂酸铁铵（田安）、福美甲胂、福美胂、退菌特	高残留
有机汞杀菌剂	氯化乙基汞（西力生）、醋酸苯汞（赛力散）	剧毒、高残留
有机氯杀虫剂	滴滴涕、六六六、林丹	高残留
有机氯杀螨剂	三氯杀螨醇及其混配剂	含有一定数量滴滴涕

（续）

种 类	农 药 名 称	禁用原因
有机磷杀虫剂	甲拌磷、乙拌磷、久效磷、对硫磷、甲基对硫磷、乙基对硫磷、甲胺磷、甲基异柳磷、治螟磷、氧乐果、磷胺	高毒
有机磷杀菌剂	稻瘟净、异稻瘟净	高毒
氨基甲酸酯杀虫剂	克百威（呋喃丹）、涕灭威	高毒
二甲基甲脒类杀虫剂杀螨剂	杀虫脒	慢性毒性、致癌
取代苯类杀虫杀菌剂	五氯硝基苯、稻瘟醇（五氯苯甲醇）、苯菌灵	致癌或二次药害
二苯醚类除草剂	除草醚、草枯醚	慢性毒性

金华市地方农业标准规范—无公害浦江桃形李（节选）

（本标准由金华市质量技术监督局于 2002 年 9 月 10 日发布实施，标准编号：DB330700/T25.1—2002、DB330700·25.2—2002 和 DB330700/T25.3～T25.4）

无公害浦江桃形李 第 2 部分：苗 木

1 范围

本部分规定了无公害浦江桃形李苗木（以下简称苗木）的要求、检验规则、检验方法、标志、包装及贮存。

本部分适用于无公害浦江桃形李一年生商品苗木。

2 规范性引用文件

下列文件中的条款通过在本部分中的引用而成为本部分的条款。凡是注日期的引用文件，其随后所有的修改单（不包括勘误的内容）或修订版均不适用于本部分，然而鼓励根据本部分达成协议的各方面研究是否可使用这些文件的最新版本。凡是不注日期的引用文件，其最新版本适用于本部分。

GB/T2828 逐批检查计数抽样程序及抽样表（适用于连续批的检查）

3 要求

3.1 苗圃条件

3.1.1 选择避风向阳、排水良好、土层深厚，土质疏松肥沃，通气性好，土壤 pH 值 6～7.5，交通方便的水稻田为好，切忌易积水的低洼地。

3.1.2 不得在三年内曾育过桃、李、杏、梅、桃形李的苗圃或果园中育苗。

3.1.3 圃地不应连作，经水旱轮作后方可继续育苗。

3.2 栽培密度

3.2.1 每 667m² 留砧木苗 10 000～15 000 株。

3.2.2 行株距 30cm×（10～15）cm。

3.3 接穗

3.3.1 接穗应从 5～10y 生，已结果且果大、丰产的浦江桃形李良种母本树上剪取。

3.3.2 接穗应在树冠外围中上部、生长健壮、芽眼饱满、无严重病虫害、无检疫对象的当年发育枝和长果枝上选取。接穗保湿存放不超过 2d。

3.4 苗木嫁接

3.4.1 选择毛桃或李本砧作砧木为好。

3.4.2 嫁接部位应在砧木距地面 5cm～10cm 处。

3.4.3 在 6 月 20 日前间嫁接。

3.4.4 提倡采用"三刀口"芽接刀嫁接。

3.5 产地检疫

苗木生长期间应执行国家有关检疫规定。

3.6 苗木质量

苗木质量应符合表 1 的规定。低于二级的苗木不得作为生产性商品苗。

表1

项　目		等　级	
		一级	二级
根	侧根数	2～4条	2条以上
	侧根长	15cm以上	10cm以上
	侧根基部粗	0.30cm以上	0.20cm以上
	侧根分布	分布均匀	分布均匀
茎	高	100cm以上	80cm以上
	粗度（接口上10cm处）	0.60cm以上	0.40cm以上
	颜　色	正常	正常
芽	整形带	饱满	饱满
接合部	愈合程度	愈合良好	愈合良好
砧木	砧桩处理	砧木萌芽剪除	砧木萌芽剪除
苗木	机械伤	无	无
检疫对象	美国白蛾、根癌肿病	无	无

4　检验规则

4.1　组批

以同一苗圃、同一等级、同一天起苗的苗木为一批。

4.2　抽样方法

样品从已起苗捆扎的苗木中按GB2828/T以大捆（100株）为单位，先抽大捆，再从每大捆中抽取。

4.3　合格判定

采用一般检查水平Ⅱ，合格质量水平（AQL）为6.5。见表2。质量等级指标按最低项等级判定。

表2

批量范围	样本数	AQL 6.5	
		AC	RE
26～50	8	1	2
51～90	13	2	3
91～150	20	3	4

（续）

批量范围	样本数	AQL 6.5	
		AC	RE
151～280	32	5	6
281～500	50	7	8
501～1 200	80	10	11
1 201～3 200	125	14	15
3 201～10 000	200	21	22
10 001～35 000	315	21	22

4.4 质量仲裁

供需双方对苗木质量有异议时，双方可协商解决，或由法定质量监督部门进行仲裁。

5 检验方法

5.1 苗木粗度

用分度值为 0.2mm 的游标卡尺测量苗木嫁接口上方 10cm 处的直径。

5.2 苗木高度

主侧根长度用卷尺测量。苗木高度测量从嫁接口量至苗木顶端。

5.3 其它采用目测方法进行。

6 包装、标志

6.1 包装

6.1.1 苗木按 50 株一小捆，100 株一大捆进行捆扎。

6.1.2 外运苗木应用泥浆沾根，再用蒲包（麻袋、编织袋）等包装材料包装。

6.2 标志

6.2.1 每捆苗木内外挂有标签。标签上应标明品名、砧木、接穗来源、等级、数量、出圃日期、育苗单位、联系电话等，标签应清晰。

6.2.2 每批苗木应有苗木主管部门检验核发的《苗木质量合格证》。

6.2.3 向县外调运的苗木，应有《植物检疫证书》。

7 运输、贮存

7.1 运输

装车后及时启运，并采取防风、防晒、防雨淋措施。

7.2 贮存

起苗后的苗木应放在库棚内，防止风吹、日晒、雨淋，贮存期间保持根部湿润，贮存日期一般不超过 7d。

武义县地方农业标准规范—武义香菇
（节选）

（本标准由武义县质量技术监督局于 2002 年 12 月 1 日发布实施，标准编号：DB330723/T005.1～T005.7—2002）

武义香菇 第 1 部分：菌种

1 范围

本部分规定了"武义香菇"菌种的定义、要求、检验方法、标志、包装、运输及保藏。

本部分适用于在武义范围内生产加工的"武义香菇"菌种。

2 定义

下列定义适用于 DB330723/T005—2002 的本部分。

2.1 香菇菌种

保藏、试验、栽培用途为目的，具有繁衍能力、遗传特性相对稳定的香菇的孢子、组织或菌丝体及营养性或非营养性的载体。

2.2 一级种（母种）

经菇木、菌棒分离或组织分离培养获得，并经鉴定为种性优良、遗传性相对稳定的纯菌丝体，常以玻璃试管为容器在 PDA 培养基上进行培养。

2.3 二级种（原种）

由一级种菌丝体繁殖得到的菌种，常以 750ml 透明的玻璃瓶或塑料薄膜袋为容器在固体培养基培养。

2.4 三级种（栽培种）

由二级种的菌丝体繁殖得到的菌种，常以透明的玻璃瓶或塑料薄膜袋为容器在固体培养基培养。

2.5 双核菌丝

也称异核体菌丝，指每个香菇菌丝细胞内具有 2 个不同交配型的细胞核，是可产生子实体的结实性菌丝。

2.6 锁状联合

香菇双核菌丝在细胞分裂过程中出现的一种特殊形态，在显微观察时形状恰似一把锁，是香菇菌种具有出菇能力的形态指标之一。

2.7 PDA 培养基

指常用于首发菌株和一级种菌丝培养的葡萄糖琼脂培养基。其配方为马铃薯 200g，葡萄糖 20g，琼脂 20g，水 1 000ml。

2.8 出菇鉴定

为检验香菇母种的种性、产量和质量而设置的栽培试验。

2.9 菌丝自溶

由于菌龄过长、高温影响，导致菌丝解体而产生黄色代谢水的现象。

2.10 杂菌

除培养菌以外的其他微生物。

2.11 积水

培养基含水量过高而导致的水分沉积现象。

2.12 原基

尚未分化的子实体原始阶段。

2.13 菌皮

由基质表面的菌丝体过度生长联结而成的膜状物。

2.14　干缩

因菌龄过长或其他非侵染性因子导致的菌丝体萎缩、色泽变暗、培养基脱离瓶壁现象。

2.15　高温圈

由高温导致菌丝圈状发黄或发暗现象。

2.16　基内菌丝

生长在培养基内的菌丝。

2.17　气生菌丝

生长在培养基物表面空间的菌丝体。

2.18　拮抗反应

指一种微生物产生的代谢物使另一种微生物生长受抑的现象，包括细菌拮抗细菌、细菌拮抗真菌、真菌拮抗细菌、真菌拮抗真菌等。

3　要求

3.1　菌种来源

武义香菇菌种选用种性好、抗逆性强，对当地自然环境具有独特适应性，并经省级农业行政主管部门认定（登记）的菌种。

3.2　培养基配方

一级种使用 PDA 培养基：马铃薯 200g、葡萄糖 20g、琼脂 20g、水 1 000ml，pH 值 5.5～6.5。二、三级菌种培养基：干杂木屑 78%、麦麸 20%、糖 1%、石膏 1%、含水量 60%、pH 值 5.5～6.5。

3.3　菌种扩繁量

二级种由一级种繁殖扩大而成，三级种由二级种繁殖扩大而成。每支一级种试管扩接 4～6 瓶二级种，每瓶 750ml 二级种扩接 40～50 瓶（袋）三级种。每袋（14×28）二级种扩接 70～80 袋（瓶）三级种。

3.4　菌种制作要求

见表1。

表 1   菌种制作要求

项 目	要 求
温 度	23℃～25℃
湿 度	空气相对湿度 60％～70％；培养基含水量为 60％左右。
光 线	暗或弱散射光，避免直射阳光。
空 气	保持通风，空气新鲜。
培养期	在 23℃～25℃条件下，一级种培养期 10～20 天，二级种培养期（瓶装）40～50 天，三级种培养期（袋装）45～50 天。
培养基灭菌	一级种 PDA 培养基灭菌的温度为 121℃，保温时间为 30 分钟；二级种木屑培养基灭菌温度为 121℃，保温时间为 2 小时；三级种木屑培养基灭菌温度为 121℃，保温时间为 2 小时，或常压 100℃，保温时间为 12～14 小时。

3.5 香菇的母种、原种、栽培种的质量要求

见表 2。

表 2   菌种质量要求

检验项目	母 种	原种、栽培种
菌丝形态	菌丝色泽洁白，平贴、点片状或星芒状，基内菌丝丝状	菌丝色泽洁白，菌丝密集、尖端整齐，有细线状菌丝，培养基转淡
菌丝纯度	菌丝生长正常，色泽一致，无异色异味，无杂菌混入	
病虫	无	无
积水		
菌丝自溶		
原基	无	无或少量
菌皮	无	无或上部菌种轻度有
脱壁		
发菌程度	菌丝占斜面 2/3 以上	菌丝深入料层 2/3 以上
高温圈	——	无或轻度有

注：“——”表示不作要求。

3.6 菌种必须贴上标签方可进培养室培养。

4 检验方法

4.1 外观检验

4.1.1 标签

核对菌种名称、菌种编号，确认是已审定香菇的菌株。

4.1.2　菌丝外观形态检验

用目测法进行。

4.2　菌种活性检验

在无菌的条件下把菌丝移植于 PDA 或木屑培养基上，置于 23℃～25℃温度下培养，48 小时内有生长现象。

4.3　菌种纯度检验

4.3.1 用目测法进行。

4.3.2　培养检验

按本部分中 4.2 条菌种活性检验方法进行，无发现杂菌。

4.4　活力检验

从 4℃移至 23℃～25℃ 条件下培养，48 小时内恢复菌丝生长，并有生长现象；在 PDA 培养基上置于 23℃～25℃条件下培养，菌落直径 24 小时伸长 0.4cm 以上。

4.5　菌种同源程度检验

4.5.1　菌丝拮抗检验

把不同来源的香菇菌丝接种在同一培养基上，有拮抗反应的菌种是具有不同遗传基因的菌种。

4.5.2　同功酶测定

通过菌丝蛋白粹取后对蛋白质中电泳层析酶谱的显色，测出谱带相似程度，以此检验菌种间的异同和遗传特性的相似程度。这是菌种异同程度和是否新菌株的鉴别方法之一。

4.6　出菇检验

对引进或自选的新品种必须进行品比和中试出菇试验，并将试验结果上报县菌管部门审批后，方可试点推广。

4.7　其他

按目测法进行。

5　检验规则

5.1　抽样

5.1.1　组批

母种按同一时间、同一方法和同一培养条件为一批；原种、栽培种按同一种源、同一制作方法和同一培养条件为一批。

5.1.2 取样

母种应逐一检验；原种、栽培种分别按批量的 5％ 和 1％ 随机取样，但不得少于 10 瓶。

5.2 判定规则

有一项指标不合格，即判该样品不合格。同一批样品中，当不合格数 ≤5％ 时，判该批样品合格；当不合格数 ≥5％ 时，则判该批样品不合格。对不合格批作必要的技术处理后，按 5.1 重新抽样检验。

6 标志、包装、运输及保藏

6.1 标志

出售的每支（瓶、袋）检验合格的菌种应有合格菌种标签，其格式如下：

级别：
菌号：
接种时间：
单位：

6.2 容器

一级种的容器为直径 15～20mm×150mm～200mm 的透明玻璃试管，带有松紧适宜的棉花塞，培养基斜面长度占试管总长的 2/3；二级种容器为 750ml 透明玻璃瓶或相当容量的塑料瓶（袋）；三级种为透明的 750ml 玻璃瓶、塑料瓶或相当容量的聚丙烯菌袋，均套有松紧适宜的棉塞或套环、棉塞。

6.3 包装

一、二级种出售时棉塞应有灭菌过的牛皮纸包裹，菌袋间有适当的间隔；每支、瓶、袋菌种均有菌种标签，批量出售的菌种有种性的说明书；外包装有防雨、防潮、防高温、防摩擦、防重压和易碎品的标记。

6.4　运输

菌种在菌丝正常生长的温度下非密闭包装运输，高温季节夜间或气调运输。

6.5　保藏

在 0℃～5 ℃ 条件下，一级种保藏期为 3～ 4 个月，二、三级菌种的保藏期为 6 ～8 个月，菌丝在隔氧的条件下（如液体石蜡隔氧保藏）保藏期为一年。

兰溪市地方农业标准规范—无公害兰溪大红柿（节选）

（本标准由兰溪市质量技术监督局于 2002 年 7 月 11 日发布、
8 月 11 日起实施，标准编号：DB330781/004.1—2002、
DB33.781/T004.2～T004.3—2002、DB33.781/004.4—2002）

无公害兰溪大红柿　第 2 部分：育苗技术规程

1　范围

本标准规定了无公害兰溪大红柿的砧木苗培育、嫁接苗培育、苗木分级、抽样、包装、运输和贮存。

本标准适用于无公害兰溪大红柿育苗技术的管理。

2　规范性引用文件

下列文件中的条款通过 DB330781/T004 本部分的引用而成为本部分的条款。凡是注日期的引用文件，其随后所有的修改单（不包括勘误的内容）或修订版均不适用于本部分，然而，鼓励根据本部分达成协议的各方研究是否可使用这些文件的最新版本。凡是不注日期的引用文件，其最新版本适用于本部分。

DB33/177—1994　浙江省主要造林树种苗木等级

GB33/179—1994 浙江省林业育苗技术规程

《植物检疫条例》 国务院 1992 年第 98 号令

3 定义

本标准采用下列定义

3.1 兰溪大红柿：指原产于兰溪市范围内的红柿。

3.2 地径：苗木地际直径，即砧木苗为苗干基部土痕处的粗度；嫁接苗为接穗萌芽条基部 1 cm 处直径。

3.3 苗高：自地径至顶芽基部的苗干长度。

4 砧木苗培育

4.1 种子：采用完熟无病虫害的野柿、浙江柿、油柿、君迁子等果实，洗净果肉，清除杂质后，薄摊在通风处阴干，然后用 2 倍于种子体积的湿沙贮藏处理。

4.2 苗圃地选择：宜选择地势平缓、土层深厚、土质疏松肥沃，排灌良好，背风向阳的沙壤土、壤土。切忌连作。

4.3 苗圃地整理：应在秋季播种前进行深翻熟化，深 25cm～30cm，在土壤翻耕时，施足基肥，同时每公顷用 50% 辛硫磷乳剂 22.5kg，混拌细土或细沙 375kg 均匀撒入土中进行土壤消毒。

苗床以东西向为宜，床宽 100cm～120cm，高 20cm～25cm，沟宽 25cm～30cm，深 25cm 以上，边沟宽和深 30cm 以上，要求苗床土粒细碎，床面平整，床面铺 1cm～2cm 厚的黄心土。

4.4 播种

4.4.1 播种时期：分为春播和秋播。春播为 2 月下旬至 3 月下旬，秋播为 11 月上旬至 12 月下旬。

4.4.2 播种方法：有条播和撒播。采用条播的，播种行距 20cm 左右。

4.4.3 播种量：条播每公顷用种量 75kg 左右；撒播每公顷用种量为 150kg～225kg。

4.4.4 覆土厚度：种子播后稍镇压，用焦泥灰或细土覆盖，覆土厚度为种子厚度的 2～3 倍,然后加稻草等覆盖物。

4.4.5　播后管理:播种后如遇天旱应及时浇水,出苗后及时除去覆盖物。

当苗木长出 2～3 片真叶时,开始移苗。移苗前喷洒 50％多菌灵 500 倍液或 70％甲基硫菌灵 600 倍液进行苗木杀菌。移植密度为行距 30cm～35cm,株距 10cm。每公顷移植量为 195 000 株～225 000 株。当幼苗长到 4～5 片真叶时,开始中耕除草,每年适时中耕除草 2～3 次,同时追施速效肥。8 月中、下旬停止施用氮肥,适当施用磷钾肥。苗高 40cm 时摘心,以促粗生长,待苗地径 0.8cm 时可供嫁接。

在苗木生长过程中,要加强对炭疽病等病虫害防治,及时做好排灌工作。

5　嫁接苗培育

5.1　接穗采集、保存:应从盛果期的优良单株或采穗圃中采取。选取生长充实、芽眼饱满的一年生枝条作为接穗。接穗宜随采随用,需要调运的,要注明品种,保湿包装,迅速运输。

5.2　嫁接方法:有芽接和枝接。

5.3　嫁接时间:芽接宜在 9 月～10 月:枝接宜在 3 月～4 月上旬。

5.4　嫁接苗前期管理

5.4.1　芽接苗:芽接后两周检查成活率,未成活的,在砧木尚能离皮时,立即补接。在第二年春季芽萌动前及时解除绑扎物,并在距离上方 1cm 处剪砧,抹去砧干上萌发的不定芽。

5.4.2　枝接苗:枝接后 5～6 周检查成活率。当穗芽开始萌发时,绑扎物应分期解除,要及时将埋土扒开,使穗芽裸露,并保留一个健壮的萌芽为主干,多余的和砧木上萌芽一齐抹去。

5.5　肥水管理:嫁接前,施足基肥,每公顷用肥量为过磷酸钙 1 500kg、饼肥 3 000kg 或栏肥 30 000kg。雨季做好清沟排水工作。6 月份以后每半个月喷施 1 次 0.2％磷酸二氢钾,8 月份每公顷追施硫酸钾 225kg。

5.6 出圃：嫁接柿苗宜在冬季落叶后起苗出圃，但要避开严寒时起苗。

6 苗木分级

6.1 分级依据：以苗木的地径、高度、根系作为依据，分为一级苗、二级苗。低于二级苗标准的苗木不得作为生产性商品苗出圃。

6.2 苗木分级应符合下列表 1 的规定

表 1　苗木分级标准

指标 级别	地　径 cm	高　度 cm	根　系	检疫性 病虫	非检疫性 病虫
一　级	≥1.00	≥90	发　达	无	轻
二　级	≥0.80	≥70	较发达	无	轻

6.3 苗木质量检测工具：游标卡尺、钢卷尺或特制量具。

7 抽样

7.1 批组：以同一苗圃、同一品种、同一等级、同一天起苗的苗木为同一批组。

7.2 抽样方法：起运前样本从同一批组的苗木中随机抽样。按表 2 之规定进行。

表 2　苗木抽样表

苗木株数	检测株数
≤1 000	50
1 001～10 000	100
10 001～50 000	250
50 001～100 000	350
100 001～500 000	500
≥500 001	750

7.3 批组合格判定：对抽取的样本苗木逐株检验，同一株中有一项指标不符合就判为不合格，不合格数≥50％判该批组不合

格。不合格批应作降一级处理或重新分级后处理。

7.4　质量仲裁：供需双方对苗木质量有异议，双方可协商解决，协商不成了由法定质量检验机构进行质量仲裁。

8　包装、标志

8.1　包装

8.1.1　苗木以 50 株或 100 株为一捆进行捆扎。

8.1.2　远距离栽植的苗木，根部须蘸泥浆并用湿稻草或草包包装，保持根部湿润。

8.2　标志

8.2.1　每捆苗木应挂有标签，标签清晰。

8.2.2　标签应标明生产单位、品种、数量、等级。

9　运输、贮存

9.1　运输

9.1.1　向市外调运的苗木，在起运前按国家《植物检疫条例》，办理森林植物检疫证书。

9.1.2　苗木装车后及时启运，并采取防风、防晒、防雨淋措施。

9.2　贮存

起苗后的苗木要防止风吹、日晒、雨淋，应采取室外假植或库棚内湿沙埋根措施，培土（沙）为苗高的 1/3。假植期间要始终做好防干燥、防冻、防热和防积水，贮存日期一般不超过 15 天。

图书在版编目（CIP）数据

金华市特色品种选育及其推广应用：种植业/丰作成
主编. —北京：中国农业出版社，2008.4
ISBN 978 - 7 - 109 - 12535 - 3

Ⅰ. 金… Ⅱ. 丰… Ⅲ. ①作物—选择育种—经验—金华
市②作物—栽培—经验—金华市 Ⅳ. S3

中国版本图书馆 CIP 数据核字（2008）第 022246 号

中国农业出版社出版
（北京市朝阳区农展馆北路 2 号）
（邮政编码 100026）
责任编辑　徐建华

中国农业出版社印刷厂印刷　　新华书店北京发行所发行
2008 年 4 月第 1 版　　2008 年 4 月北京第 1 次印刷

开本：850mm×1168mm　1/32　印张：8.75　插页：6
字数：210 千字　印数：1～1 500 册
定价：30.00 元
（凡本版图书出现印刷、装订错误，请向出版社发行部调换）

彩叶红露珍

超　藤

豫艺天福

早　甜

银边三色

永康白皮丝瓜

武香1号

义红1号

森山1号

施化果

俊 果

浦江桃形李

金于夏芹

金杂棉 3 号

金密1号

金球桂

金茭 1 号

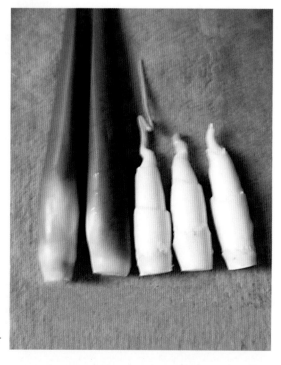

金茭 2 号

金华大白桃

金华佛手

浙贝1号 浙胡1号

浙芍1号

东席1号(原名东选1号)

甘 栗